城市建设指南与范例

城市道路篇

江苏省建设厅

中国建筑工业出版社

图书在版编目（CIP）数据

城市建设指南与范例．城市道路篇/江苏省建设厅．
北京：中国建筑工业出版社，2007
ISBN 978-7-112-09655-8

Ⅰ.城… Ⅱ.江… Ⅲ.①城市建设-中国②城市道路-中国　Ⅳ.TU984.2　U412.3

中国版本图书馆CIP数据核字（2007）第160407号

本书的编写以国家标准为依据，在充分考虑城市建设发展趋势的基础上，按照"设计合理、施工精细、经济适用、美观大方、维护便捷"的原则进行的。全书主要由城市道路建设的图片和文字组成，共6章，主要内容包括：总则、道路规划与设计、道路主体设施、道路附属设施、道路绿化和有关城市道路建设范例。全书资料翔实、内容全面，对各地城市建设具有一定的技术经济指导和标准示范作用。

本书可供城市建设行政管理人员、规划设计人员、施工技术人员、工程监理人员等学习参考。

责任编辑：郦锁林　范业庶
责任设计：张政纲
责任校对：汤小平

城市建设指南与范例
城市道路篇
江苏省建设厅

*

中国建筑工业出版社出版、发行（北京西郊百万庄）
各地新华书店、建筑书店经销
北京嘉泰利德公司制版
精美彩色印刷有限公司印刷

*

开本：889×1194毫米　1/16　印张：13　字数：403千字
2007年12月第一版　2008年1月第二次印刷
印数：3,001—4,500册　定价：98.00元
ISBN 978-7-112-09655-8
(16319)

版权所有　翻印必究
如有印装质量问题，可寄本社退换
（邮政编码 100037）

本书主编单位、参加单位和主要编写人员名单

主编单位：江苏省建设厅
参编单位：江苏省建设工程质量监督总站
　　　　　南京市建设委员会
　　　　　南京市市政公用工程质量安全监督站
　　　　　南京市园林质量工程监督站
　　　　　南京市市政设计研究院有限责任公司
　　　　　无锡市市政公用事业局
　　　　　无锡市市政工程质量监督站
　　　　　无锡市政设计研究院有限公司
　　　　　苏州工业园区建设工程质量安全监督站
　　　　　苏州合展设计营造有限公司
　　　　　常州市市政公用管理处
　　　　　扬州市新城西区管理委员会
　　　　　扬州市建设工程质量监督检查站
　　　　　宿迁市建设工程质量监督站
　　　　　上海市城市建设设计研究院

主要起草人：
徐学军　张大春　蔡　杰　汪志强　金孝权　张海生　郭　建　居　浩　何金雪
郭苏杰　董文量　陈　雷　杨　舜　纪　诚　丁晓峰　凌　俊　周乙新　王　坚
孙长庆　郭建民　蒋智慧　刘　侠　许　可　朱俊毅　张　军　常　青　刘　勇
王树华　张茂林　罗红敏　朱晨红　李　佳

序 言

江苏地处长江三角洲，经济发达，文化底蕴深厚，随着城市现代化建设步伐不断加快，城市形象稳步提升，城市投资环境持续改善，在全国国民经济发展和城市化进程中，起着重要的引领和导向作用。"十五"期间，江苏城市道路建设发展迅速，作为城市建设的重要组成部分和关键要素，在发挥城市正常功能，实现城市交通基本目标，方便人们生活和出行等方面发挥了重要作用。

随着江苏城市经济社会的快速发展和城市化的快速推进，人们物质生活日益丰富，生活水平逐步提高，对城市公用服务功能和周边环境等方面要求将日益增强，尤其表现在对城市道路由局限于功能性的基本需求，上升到要求道路具有更好的交通性、舒适性和景观性功能的层面。但由于城市建设存在着地区差异、个性差异及建设发展不均衡等因素，同时由于城市道路建设规划理念未能完全适应发展需要，设计、施工尚存在不同程度的缺陷，管理养护未能到位等原因，道路建设在反映整个城市的景观、美观和环境等方面，未能完全实现经济、合理、可持续发展的目标，在展现城市的总体姿态与风貌，给人们的生活、出行带来便利等方面未能很好地体现其作用和效果。一些城市道路的基本功能还没有得到充分发挥，建设美观性能未能与周边环境较好融合，投资效能未能得到充分体现，与城市现代化进程、文明程度和人民生活需求还存在一定的差距。而现有的城市道路规划设计和建设规范又不能完全满足江苏省的发展水平和建设需求。因此，迫切需要合适的标准、规范来引导城市建设高水平、高起点地发展。

不少城市道路的网络、结构、线形、横断面、交叉口、绿化、周边建筑与有关设施在造型、尺度、比例、空间轮廓、平面构图、节奏、色彩等方面存在着某种不协调、不均衡、不统一、不和谐、不美观的现象，甚至给城市景观、城市宏观特点，造成难以挽回的缺陷。诸如此类问题已成为影响我省城市现代化建设和可持续发展的重大因素，已成为全省城市建设与管理者必须面对的严峻考验和挑战。

城市建设和管理应体现规范、秩序、和谐；应与社会需求相配套，与社会发展相适应，与社会文明相同步。城市道路的景观、道路网络、道路平面、道路纵断面、道路横断面以及相应配套设施应体现规范、合理、有序、美观。有鉴于此，江苏省建设厅从道路规划、交通设计、横断面分配、施工质量控制等方面入手，研究分析各类部件的设置条件，探讨各类部件的形式、位置、标准以及管理要求，并通过工程建设的实例，图文并茂地加以展示，以指导城市道路工程建设，便于工程建设管理者对规划、设计、施工、管理等环节的把握，实现城市道路建设的设计合理性、投资经济性、管理便捷性、建设与环境和谐的精品道路之目标。

希望《城市建设指南与范例》的出版，能指导全省城市建设者能够有效地推广城市建设的成功经验，提高城市建设的效能，充分发挥投资效益，消除缺陷，引导全省城市建设的正确方向，推动城市建设不断向前发展。

江苏省人民政府副省长：

2007年11月8日

前　言

城市道路具有公共性、公用性、公益性等特征，其与城市发展相互促进，与市民生活休戚相关；城市道路又凸显了城市的形象魅力，蕴涵着城市的人文历史和精神。体现以人为本的和谐理念，各级政府高度重视，社会各界高度关注，城市建设者也投入了大量的心智。在推进城市现代化进程中，城市的道路建设已经发挥并将继续发挥重要作用。

为进一步加快江苏省城市化建设，规范和提高城市基础设施、园林绿化、市容景观建设水平，根据仇和副省长的指示精神，江苏省建设厅组织了江苏省建设工程质量监督总站等单位编制了《城市建设指南与范例》，《城市建设指南与范例》编制目的是指导全省在城市基础设施建设、园林绿化、市容景观建设等方面更好地体现"设计合理、施工精细、经济适用、美观大方、维护便捷"的方针。

《城市建设指南与范例》（城市道路篇）以城市道路建设为载体，在各地城市建设过程中起到技术经济指导和标准示范作用。

本书在编写过程中，编写组进行了认真的调查研究，按照"设计合理、施工精细、经济适用、美观大方、维护便捷"的原则，以国家标准为依据，2007年5月10日由江苏省建设厅组织在南京召开了编写动员会议，2007年5月26日在无锡、2007年6月10日和2007年6月18日在苏州、南京又分别召开了3次阶段性会议，对收集的资料进行了认真分析，总结了南京、无锡、常州、扬州、宿迁、苏州工业园等地的城市建设经验。在编写过程中贯彻了国家有关城市建设的法律、法规，并充分考虑了城市建设的发展趋势，最后经审定定稿。

本书主要由城市道路建设的图片与文字组成，对全省城市道路建设具有指导性质，主要内容有道路规划设计、道路主体设施、道路绿化、道路附属设施和有关城市道路建设范例，如：南京市长江路改造工程、南京市江东路改造工程、无锡太湖大道改造工程、苏州工业园区现代大道工程、常州市延陵路工程、扬州市文昌西路延伸工程、宿迁市发展大道改造工程等实例。

本书由东南大学交通学院黄晓明教授、上海市政工程设计研究总院徐健教授级高工、南京市交通规划研究所钱林波教授级高工等专家审核定稿，在此一并表示感谢。

为提高本书的质量，请城市建设者在工程实践过程中，注意积累资料，总结经验，随时将有关意见和建议反馈给江苏省建设厅，以供今后修订时参考。

目 录

1 总则 ·· 1
   1.1 概述 ·· 1
   1.2 目的与意义 ·· 6
   1.3 编制依据 ·· 6
   1.4 术语 ·· 7
   1.5 适用范围 ·· 10

2 道路规划与设计 ·· 11
   2.1 路网规划 ·· 11
   2.2 交通工程设计 ·· 12
   2.3 道路横断面设计 ·· 16
   2.4 管线综合规划 ·· 25

3 道路主体设施 ·· 31
   3.1 机动车道铺装 ·· 31
   3.2 非机动车道铺装 ·· 32
   3.3 人行道铺装 ·· 32
   3.4 多孔水泥混凝土路面 ·· 33
   3.5 路缘石及护栏 ·· 34
   3.6 检查井及路面排水设施 ·· 36
   3.7 道路照明设施 ·· 40
   3.8 公交车、出租车停靠站 ·· 41
   3.9 路边停车场 ·· 43
   3.10 无障碍设施 ·· 44

4 道路附属设施 ·· 47
   4.1 交通管理设施 ·· 47
   4.2 道路公用设施 ·· 52

5 道路绿化 ··· 58
   5.1 规划与布局 ·· 58
   5.2 设计要点 ·· 62

  5.3 植物选择 ………………………………………………………………… 74
  5.4 道路绿化建设管理要点 ………………………………………………… 75

6 部分城市工程实例分析 ………………………………………………………… 80
  6.1 南京市长江路改造工程 ………………………………………………… 80
  6.2 南京市江东路改造工程 ………………………………………………… 91
  6.3 无锡太湖大道改造工程 ………………………………………………… 99
  6.4 苏州工业园区现代大道 ………………………………………………… 115
  6.5 常州市延陵路工程 ……………………………………………………… 131
  6.6 扬州文昌西路延伸工程 ………………………………………………… 147
  6.7 宿迁市发展大道改造工程 ……………………………………………… 157

附录 A 路面结构层组合 ……………………………………………………… 161

附录 B 路基路面施工技术要求 ……………………………………………… 176

附录 C 交通管理设施设置要求 ……………………………………………… 184

附录 D 南京市市政工程质量通病防治工作导则（暂行）（道路篇） ………… 192

1 总 则

1.1 概 述

1. 江苏城市建设简要回顾

"十五"以来,江苏紧紧围绕"富民强省、率先基本实现现代化"的奋斗目标,积极推进城市化和城市现代化,城镇体系不断优化,布局结构日益改善,城市功能逐步完善。这几年是江苏城市化进程最快、城乡建设投入最多、城市面貌变化最大、人居环境改善最为明显的时期。

城市化进程明显加快。近年来,江苏城市化水平每年以近2个百分点的速度递增,到2006年底江苏城市化水平已达51.9%,全省一半以上人口进入城市。城市规模和发展空间不断扩大,城市建成区面积达到2583平方公里,县城建成区面积526.55平方公里,分别是"九五"期末的1.87倍、1.65倍。

城市市政公用基础设施日益完善。2001～2006年,江苏城市市政公用基础设施累计完成投资3379.25亿元,投资总量位居全国第一,建成了一批关系民生的市政公用设施,城市功能逐步完善。至2006年底,全省城市用水普及率99.24%,燃气普及率97.06%,每万人拥有公交车辆10.42标台,人均拥有道路面积18.7m^2,污水处理率81.82%,人均公共绿地面积11.62m^2,建成区绿化覆盖率41.72%,城镇居民人均住宅建筑面积31.6m^2。全省城市用水、燃气普及率、污水处理率和人均拥有道路面积、公共绿地面积较"九五"期末显著提高,城市景观更加优美、宜人,人居环境明显改善。全省有国家园林城市12个,居全国第一。扬州市获得了联合国人居环境奖称号。南京地铁一号线工程,苏锡常、宁镇扬泰通和苏北地区区域供水工程,西气东输城市天然气利用工程等建设项目在省内外产生了广泛影响。

村镇建设力度加大。镇村布局规划全面完成。2001～2006年,全省村镇建设总投资超过3000亿元,建制镇用水普及率达到96.78%,燃气普及率68.87%,污水处理率30.73%,人均道路面积22.08m^2,人均公共绿地面积4.58m^2,绿化覆盖率18.32%,农村人均住宅建筑面积36.62m^2。村庄环境建设整治大力推进。重点中心镇快速发展,初步建成一批具有较大规模、经济繁荣、布局合理、设施配套、功能完善、环境优美、富有地方特色的新型小城镇,集聚辐射能力增强。

建筑工程质量稳步提高。近年来,江苏坚持"标本兼治,整顿和规范并举"的原则,采取专项整治和综合执法大检查相结合,全面深入地开展整顿和规范建筑市场秩序工作,工程建设中的违法违规行为得到纠正和查处,建筑市场各方主体法制意识普遍增强,建筑市场秩序逐步好转。在全面推行了施工图设计审查、施工许可、竣工验收备案制度的同时,江苏还不断改革创新工程质量监督方式和招投标监管方式,确保工程建设水平。"十五"期间,全省累计共获得鲁班奖124项,国优工程奖18项,扬子杯奖1800多项,工程质量稳中有升。建设领域科技创新能力和科研设计水平有所提高,南京地铁、南京长江三桥等一大批技术先进、工艺复杂、规模宏大的工程项目相继建成,"南京奥体中心主体育场成套技术研究"成果达到国际先进水平。研发成功一批自主知识产权项目,市场综合竞争能力日益提升。

2. 城市道路建设中存在的问题

城市道路建设是城市建设的重要组成部分。城市道路应当具备功能性、耐久性、舒适性、景观性和经济合理性,在调查中我们发现部分城市道路存在着较为明显的缺陷,主要表现在:

1）功能性缺陷

（1）功能定位不准确

如在规划、设计阶段缺乏前瞻性，会导致道路功能定位不准，与未来城市交通需求发生偏差，存在部分主干道设计标准偏低，而部分支路、街巷设计标准偏高的现象。有些道路在建设中对未来交通流量考虑不足，道路通车后过大的交通流量和超载，加速道路结构损坏，致使后期维护费用高昂（见图1.1-1、图1.1-2）。

（2）功能不全

道路设施是各类设施的综合体系，但有些道路基本设施配备不到位导致功能不全，造成市民出行不便（见图1.1-3～图1.1-5）。

（3）功能不到位

一些道路规划、建设与管理脱节，导致城市道路的基本功能不到位，道路路幅及分配不符合相关规定（见图1.1-6、图1.1-7）。

（4）功能改变

一些城市道路投用后的管理养护工作不到位，导致道路功能发生改变，出现车行道、人行道被不恰当占用，无法发挥基本功能（见图1.1-8、图1.1-9）。

2）结构性缺陷

道路建设应考虑使用的长期性，尽量一次性建设到位，但有些道路设计标准偏低、施工管理技术水平不高，或者综合管线、交通管理设施不同步建设，造成二次开挖等现象的发生，使道路耐久性下降（见图1.1-10、图1.1-11）。

图1.1-1 交通流量和荷载增加造成路面损坏

图1.1-2 不能满足交通需求压缩非机动车道

图1.1-3 路口无排水设施

图1.1-4 无照明设施

图1.1-5 无障碍设施不全

图1.1-6 机动车道宽度不足

图1.1-7 人行道宽度不足

图1.1-8 盲道被占用

图1.1-9 机动车道成为停车场

图1.1-10 二次开挖道路造成的路面沉陷

3）舒适性缺陷

有些道路由于设计不合理和施工缺陷，一些道路通病不断出现。如在南京开展的道路质量通病防治工作中，梳理出五类主要通病：

（1）道路交叉口及公交站台处路面车辙、拥包（见图1.1-12、图1.1-13）；

（2）检查井室周围路面破损、下陷，井盖位移、坠落（见图1.1-14）；

（3）桥头跳车；

（4）沟槽处路面下沉（见图1.1-15）；

（5）人行道板松动、碎裂、下陷，混凝土道路路缘石质量差、弯道不顺等（见图1.1-16）。

此外，还有如车行道井框盖布置过多或在交叉口集中，道路平整度差等现象都直接影响了车辆、行人通行的舒适性（见图1.1-17）。

图1.1-11 井周碎裂、下陷

图1.1-12 道路车辙

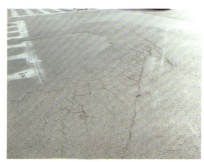

图 1.1-13　路面龟裂　　　　　图 1.1-14　井周碎裂、下陷　　　　图 1.1-15　沟槽沉陷

图 1.1-16　侧石、人行道板破碎　　　　　图 1.1-17　路口井框盖密集

4）景观性缺陷

道路附属设施布点与道路整体景观不协调甚至造成通行障碍；道路周边环境建设不到位；设施损坏维修或道路挖掘后无法达到原功能性、舒适性要求；交通信号灯乱设乱放；道路与道路之间在交叉口衔接不顺，高低不一，排水不畅；路缘石与收水井尺寸不一致；检查井盖设置在路缘石位置上；绿化带端头路缘石损坏；附属构筑物设计、选材标准不一；各施工环节不精细等，均影响道路了美观（见图 1.1-18～图 1.1-20）。

图 1.1-18　杆线位置设置不当

图 1.1-19　交通监控设施位置不当　　　　图 1.1-20　井盖隔断路缘石

5）经济合理性缺陷

有些城市主城区中心区道路通行不畅，行人举步维艰；边缘地区却交通不饱和，投资效能较低，有的人行道设置过宽却无人行走，有的支路选用大理石、花岗石等作为路缘石、绿岛材料，却未能完善必要的功能设施。主城区也有不经济合理的表现，如道路片面追求新颖，分隔带用高档材料营造小品，却没有人行道等基本设施。再如，工程建设过于强调个性，忽视未来养护管理的便捷，很多地区片面追求"一路一景"，投资大、效能低，道路配套设施品种繁多，形态不一，难于管理，导致部分设施损坏后，无法配套更换，不利于后期养护。见图 1.1-21～图 1.1-23。

图 1.1-21　分隔带片面追求新颖忽视绿化　　图 1.1-22　路幅分配不合理　　图 1.1-23　支路路缘石选材高档忽视排水基本功能

3．问题主要原因

1）部分城市规划受很多外部因素的干扰，一方面过于强调规模、档次，另一方面缺少长远规划，而规划一旦确定后，工程实施的外部条件已经明确，设计的空间也受到制约，工程建设存在了先天不足。

2）建设程序不够规范，道路工程的建设周期受诸多因素的制约，"边设计、边施工、边修改"的工程时有出现，致使个别道路工程投用时未能达到设计与验收标准要求。

3）建设过程组织、协调工作难度大，交通疏导、拆迁、杆线迁移下地等工作对工程建设管理和工期影响很大，道路建设综合协调难度大，涉及管理部门较多，如工程拆迁等，对工程进度和质量造成影响。经常导致工期的不合理压缩和建设标准的降低。

4）设计、施工、监理等环节执行规范标准过程不够严格，导致工程质量通病时有出现。

5）管理体制不顺，现有的道路建设管理体制导致了工程建设牵涉的管理部门很多，不同行业、不同部门对工程的要求、标准不一致，往往导致工程建设者们无所适从，最终的结果往往背离了建设的初衷。

6）道路投入使用后，未能及时按照标准进行管理和养护，也是道路及附属设施未能达到原设计要求的原因之一。

1.2　目的与意义

经探讨和分析，可以看到市政基础设施工程的现状还不能令人满意，在当前广大市民对市政基础设施工程建设要求日益提高的今天，如何建设出让市民满意的工程成为摆在每一个建设者面前的一人重要任务。因此，本书编写组从路网规划、道路交通设计、横断面分配形式入手，研究分析道路主体设施、绿化、附属设施的形式、位置、标准以及管理要求，编制城市建设指南，并以我省各地若干道路建设的实例作出说明，从而指导我省城市道路工程建设，逐步实现城市道路建设的"设计合理、施工精细、经济适用、美观大方、维护便捷"的目标。

1.3　编制依据

1．《道路工程术语标准》（GBJ 124-88）
2．《城市道路设计规范》（CJJ 37-90）
3．《城市道路交通规划设计规范》（GB 50220-95）
4．《城市道路和建筑物无障碍设计规范》（JGJ 50-2001）
5．《城市道路绿化规划与设计规范》（CJJ 75-97）
6．《城市人行天桥与人行地道技术规范》（CJJ 69-95）
7．《市政道路工程质量检验评定标准》（CJJ 1-90）
8．《城镇道路养护技术规范》（ CJJ 36-2006）
9．《城市道路照明设计标准》（CJJ 45-2006）
10．《道路交通标志和标线》（GB 5768-1999）
11．《公路沥青路面设计规范》（JTG D50-2006）
12．《公路水泥混凝土路面设计规范》（JTG D40-2002）
13．《道路交通信号灯》（GB 14887-2003）
14．《城市公共交通客运设施　城市公共汽、电车候车亭》（CJ/T 107-1999）
15．《混凝土路缘石》（JC 899-2002）
16．《城市道路内汽车停车泊位设置标准》（DGJ32/TC02-2005）
17．《城市容貌标准》（CJ/T 12-1999）
18．《江苏省城市容貌标准》（DGJ32/TC01-2004）
19．《室外给水设计规范》（GB 50013-2006）
20．《室外排水设计规范》（GB 50014-2005）
21．《城市道路标准图集》（苏 Z01-2002）
22．《给水排水图集》（苏 S01-2004）
23．《道路交通信号灯设置与安装规范》（GB 14886-2006）

1.4 术语

1．城市道路
在城市范围内，供车辆及行人通行的具备一定技术条件和设施的道路。

2．道路网
在一定区域内，由各种道路组成的相互联络、交织成网状分布的道路系统。在城市范围内由各种道路组成的称城市道路网。

3．道路网密度
在一定区域内，道路网的总里程与该区域面积的比值。

4．快速路
城市道路中设有中央分隔带，具有四条以上的车道，全部或部分采用立体交叉与控制出入，供车辆以较高的速度行驶的道路。

5．主干路
在城市道路网中起骨架作用的道路。

6．次干路
城市道路网中的区域性干路，与主干路相连接，构成完整的城市干路系统。

7．支路
城市道路网中干路以外联系次干路或供区域内部使用的道路。

8．公交停靠站
公共交通车辆运行的道路上，按营运站位置设置的车辆停靠设施，有岛式、港湾式等。

9．路幅
由车行道、分隔带和路肩等组成的道路横断面范围。

10．机动车道
道路上供汽车等机动车行驶的部分。

11．车道
在机动车道上供单一纵列车辆行驶的部分。

12．路缘带
位于机动车道两侧与车道相衔接的用标线或不同的路面颜色划分的带状部分。其作用是保障行车安全。

13．非机动车道
道路上供非机动车行驶的部分。

14. 人行道

道路中用路缘石或护栏及其他类似设施加以分隔的专供行人通行的部分。

15. 设施带

道路人行道上用来布置护栏、交通标志和信号、废物箱、邮筒、消火栓、电话亭等附属设施的条形地带。一般可与绿化带合并设置。

16. 绿化带

在道路用地范围内，供绿化的条形地带。

17. 分隔带

沿道路纵向设置的分隔车行道用的带状设施，位于路中线位置的称中央分隔带，简称中分带；位于路中线两侧的称外侧分隔带，简称侧分带。

18. 路基

按照路线位置和一定技术要求修筑的作为路面基础的带状构造物。

19. 路面

用各种筑路材料铺筑在道路路基上直接承受车辆荷载的层状构造物。

20. 沥青混凝土路面

用沥青混凝土作面层的路面。

21. 水泥混凝土路面

用水泥混凝土板作面层的路面。

22. 路面结构层

构成路面的各铺砌层，按其所处的层位和作用，主要有面层、基层和垫层。

23. 面层

直接承受车辆荷载及自然因素的影响，并将荷载传递到基层的路面结构层。

24. 基层

设在面层以下的结构层。主要承受由面层传递的车辆荷载，并将荷载分布到垫层或土基上。当基层分为多层时，其最下面的一层称底基层。

25. 垫层

设于基层以下的结构层。其主要作用是隔水、排水、防冻以改善基层和土基的工作条件。

26. 压模混凝土

通过压模着色工艺，使表面呈不同造型和色彩的混凝土面层。

27. 透水混凝土

含有大量孔隙，具有透气、透水和重量轻特点的混凝土。

28. 路缘石

设在路面边缘的界石，简称缘石。

29. 侧石

顶面高出路面的路缘石。有标定车行道范围和纵向引导排除路面水的作用。

30. 平石

铺砌在路面与侧石之间的平缘石。

31. 护栏

沿危险路段的路基边缘设置的警戒车辆驶离路基和沿中央分隔带设置的防止车辆闯入对向车行道的防护设施，以及为使行人与车辆隔离而设置的保障行人安全的设施。

32. 检查井

在地下管线位置上每隔一定距离修建的竖井。主要供检修管道、清除污泥及用以连接不同方向、不同高度的管线使用。

33. 雨水口

管道排水系统汇集地表水的设施，由进水箅、井身及支管等组成。

34. 排水边沟

为汇集和排除路面、路肩及边坡的流水，在路基两侧设置的水沟。

35. 过水槽

为使机动车道或非机动车道路面地表水汇入相邻路面雨水口或排水边沟而在分隔带或人行道上设置的沟槽。

36. 道路照明设施

为保证能见度低时交通正常运行，正确地识别路况及各种交通标志，设置于道路上的灯光照明设施。

37. 快速公交系统（BRT）

利用大容量的专用公交车辆，在专用的道路空间运营，并由专用信号控制的新型公共交通方式。

38. 无障碍设施

指为保障残疾人、老年人、伤病人、儿童和其他社会成员的通行安全和使用便利，在道路建设项目中配套建设的服务设施。

39. 缘石坡道

位于人行道口或人行横道两端，使乘轮椅者避免了人行道路缘石带来的通行障碍，方便乘轮椅者进入人行道行驶的一种坡道。

40. 盲道

在人行道上铺设一种固定形态的地面砖,使视残者产生不同的脚感,诱导视残者向前行走和辨别方向以及到达目的地的通道。

41. 行进盲道

表面上呈条状形,使视残者通过脚步感和盲杖的触感后,指引视残者可直接向前方继续行走的盲道。

42. 提示盲道

表面呈圆点形状,用在盲道的拐弯处、终点处和表示服务设施的设置等,具有提醒注意作用的盲道。

43. 道路附属设施

道路沿线交通安全、管理、服务、环保等设施的总称。

44. 道路绿化

在道路两旁及分隔带内栽植树木、花草以及护路林等。

45. 园林景观路

在城市重点路段,强调沿线绿化景观,体现城市风貌、绿化特色的道路。

46. 道路绿地率

道路红线范围内各种绿带宽度之和占总宽度的百分比。

47. 行道树

沿道路两旁栽植的成行的树木。

48. 通透式配置

绿地上配植的树木,在距相邻机动车道路面高度 0.9～3.0m 之间的范围内,其树冠不遮挡驾驶员视线的配置方式。

49. 乔木

指具有明显主干,且在胸高以上才有分枝出现,树高都在 5m 以上的树。

50. 灌木

指没有明显的主干、呈丛生状态的树木,植株一般比较矮小,树高不会超过 6m。

51. 地被植物

指一些生长低矮、扩展性强、控制高度在 30～50cm 或稍高的植物。

1.5 适用范围

适用于江苏省行政区域内的城市道路规划、设计、施工、管理和养护等活动,可供领导决策、规划设计参考、施工管理借鉴和养护作业指导。

2 道路规划与设计

2.1 路网规划

1. 道路分类

按照道路在道路网中的地位、交通功能以及对沿线建筑物的服务功能等，城市道路分为快速路、主干路、次干路、支路四个等级。

快速路应为城市中大量、长距离、快速交通服务。其功能是快速疏解跨区间长距离大运量机动车流，既提高路网的总体容量和快速疏解能力，又减轻主次干路网的交通压力和交通污染的影响面。快速路应尽量保证其交通流的连续性。

主干路应为连接城市各主要分区的干路，以交通功能为主。在道路网中起骨架作用，承担跨区间长距离或较长距离机动车流的输送。城市主干路可以是景观性的，但不应当是生活性的，尤其不应当是商业性的。

次干路应与主干路结合组成道路网，起集散交通的作用，兼有服务功能。次干路的交通功能是为主干路和快速路承担交通分流和集散。次干路兼具交通性和生活性两种主要功能。

支路应为次干路与街坊路的连接线，解决局部地区交通，以服务功能为主。支路主要是为地区或地块的出入交通或通达交通服务的。

2. 路网规划控制指标

路网分布密度应满足表 2.1-1、表 2.1-2 的要求。

以南京市为例，主城快速路规划为"井"字形，主干路间距为 2km，次干路与主干路间距为 1km，支路与次干路间距为 500m。各类城市应根据城市规模和形态，对道路布局进行具体规划设计。

大中城市道路网规划指标　　　　　　表 2.1-1

项　目	城市规模与人口（万人）		快速路	主干路	次干路	支路
机动车设计速度 （km/h）	大城市	>200	80	60	40	30
		≤200	60~80	40~60	40	30
	中等城市		—	40	40	30
道路网密度 （km/km²）	大城市	>200	0.4~0.5	0.8~1.2	1.2~1.4	3~4
		≤200	0.3~0.4	0.8~1.2	1.2~1.4	3~4
	中等城市		—	1.0~1.2	1.2~1.4	3~4
道路中机动车道条数（条）	大城市	>200	6~8	6~8	4~6	3~4
		≤200	4~6	4~6	4~6	2
	中等城市		—	4	2~4	2

小城市道路网规划指标　　　表 2.1-2

项　目	城市人口（万人）	干路	支路
机动车设计速度(km/h)	>5	40	20
	1~5	40	20
	<1	40	20
道路网密度(km/km²)	>5	3~4	3~5
	1~5	4~5	4~6
	<1	5~6	6~8
道路中机动车道条数（条）	>5	2~4	2
	1~5	2~4	2
	<1	2~3	2

2.2 交通工程设计

1. 公交停靠站的设置

1）公交停靠站的布设应根据城市总体布局，并结合地下铁道、轻轨、轮渡等交通站点设站。城区停靠站间距一般为 500～800m，郊区停靠站间距一般为 800～1000m。在路段上设站，同向换乘距离不应大于 50m，异向换乘距离不应大于 100m；在不设中央分隔带的道路上对置设站时，应在车辆前进方向迎面错开 30m。图 2.2-1 为公交停靠站对置设站布置图。

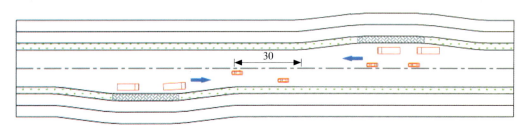

图 2.2-1　公交停靠站对置设站布置图

2）新建、改建交叉口时，公交停靠站应布置在交叉口的下游；在下游布置停靠站有困难时，可将直行或右转线路的停靠站设在交叉口的上游。公交停靠站具体位置应根据交叉口展宽和车辆排队长度等确定。（注：快速公交系统（BRTD）公交停靠站需专项设计。）

3）在快速路和主干路及郊区的双车道道路上，公交中途停靠站不应占用车行道，应采用港湾式布置（见图 2.2-2）。在机非混行道路，采用沿人行道边布置停靠站或专设机非分隔带布置停靠站；机动车专用道，采用沿人行道边布置停靠站；有机非分隔带的道路，沿分隔带设置停靠站（见图 2.2-3）。

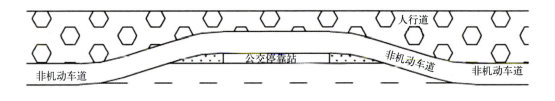

图 2.2-2　在机动车道与非机动车道间设置的港湾式停靠站

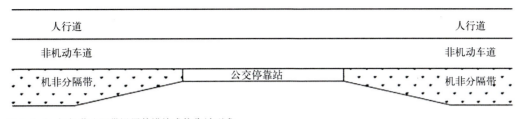

图 2.2-3　沿机非分隔带设置的港湾式停靠站形式

4）新建、改建交叉口，公交停靠站应设置在平坡或坡度不大于 1.5% 的坡道上；当地形条件受限制时，坡度最大不得超过 2%。

5）公交港湾式停靠站候车站台长度应大于 15m，站台宽度应大于 2.0m；改建及综合治理交叉口，当条件受限时，站台最小宽度不应小于 1.25m。图 2.2-4 为公交港湾式停靠站最小设计尺寸。

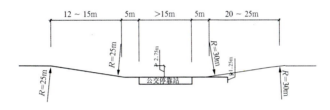

图 2.2-4　公交港湾式停靠站最小设计尺寸

2. 人行过街设施（人行天桥、人行地道）的设置

1）人行天桥或人行地道应设置在交通繁忙过街行人稠密的快速路、主干路、次干路的路段或平面交叉处。同一街道的人行天桥和人行地道应统一考虑。主要设置原则如下：

（1）设置在过街行人密集、影响车辆交通、造成交通严重阻塞处。

（2）设置在车流量很大、车头间距不能满足过街行人安全穿行需要，或车辆严重危及过街行人安全的路段。

（3）设置在公交停靠站等交通换乘处。

2）人行天桥、人行地道出入通道的梯道、坡道宽度应根据设计年限人流量确定。每端梯道或坡道宽度之和应大于通道宽度。

3）人行天桥和人行地道设计应适应不同的气象条件，并考虑无障碍设计。

人行过街设施参考图 2.2-5、图 2.2-6。

图 2.2-5　人行天桥的长坡道方便残障人使用

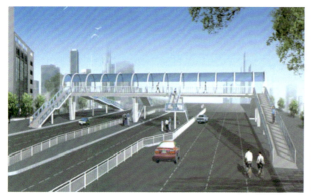
(a) 有天棚的天桥

(b) 有电梯的天桥

(c) 天桥梯(坡)道采用防滑和适应变形的铺装材料

(d) 设置垂直升降梯方便残障人使用

图 2.2-6　人行天桥的设置形式

3. 各类交通设施衔接

1) 各类交通设施的衔接设计应符合"一体化"原则,在满足各类交通枢纽的功能时,须充分考虑客流换乘接驳方便、高效,努力做到"零换乘"。

2) 贯彻满足功能、集约用地的原则进行各项设施配置,交通组织方案应体现地下、地面、地上的立体化,体现公交优先、人车分离等原则。

3) 常规公交、轨道交通及行人过街等设施应统筹布置,实现无缝对接。

交通设施衔接参考图 2.2-7～图 2.2-10。

图 2.2-7　公交停靠站与行人通道衔接

图 2.2-8　公交停靠站与天桥衔接

图 2.2-9　快速公交与行人通道衔接

图 2.2-10　铁路站与公交站衔接

图 2.2-11　机动车专用道路的交叉口渠化

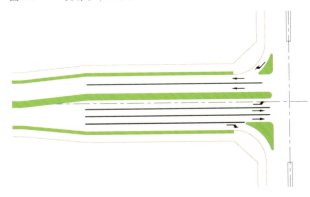

图 2.2-12　偏移中央分隔带

图 2.2-13　一般道路的交叉口渠化

4. 道路交叉口的设计

1）城市道路交叉口应按照城市规划道路网设置，宜采用正交。交叉口设计应根据相交道路的功能、性质、等级、计算行车速度、设计小时交通量、流向及自然条件等进行。

2）道路与道路交叉包括平面交叉和立体交叉两种，应根据技术、经济及环境效益的分析合理确定。高速公路与城市各级道路交叉、快速路与快速路交叉、快速路与主干路交叉时，应采用立体交叉。进入主干路与主干路交叉口的交通量超过 4000～6000pcu/h，相交道路为四条车道以上，且对平面交叉口采取改善措施、调整交通组织均难收效时，两条主干路交叉或主干路与其他道路交叉，当地形适宜修建立体交叉，经技术经济比较确为合理时，可设置立体交叉。

3）交叉口的竖向设计应符合行车舒适、排水迅速和美观的要求。立体交叉的标高应与周围建筑物标高协调，便于布设地上杆线和地下管线，并宜采用自流排水，减少泵站的设置。

4）为提高通行能力，平面交叉可在进口车道范围内采取适当措施以增设车道；互通式立体交叉应设置变速车道与集散车道。平面交叉的进口车道的宽度对大型车辆可采用 3.25～3.5m，对中小型车辆则可采用 3.00～3.25m。交叉口的设计参考图 2.2-11～图 2.2-13。

2.3 道路横断面设计

1. 设计原则

1）道路横断面分配应在城市规划的红线宽度范围内进行。
2）道路横断面型式应按道路等级、功能及设计年限的交通量、交通流特性、地形等因素统一安排。
3）道路横断面设计可以近远期结合，近期工程应成为远期工程的组成部分，并预留综合管线位置。

2. 横断面布置型式

1）道路横断面一般由机动车道、非机动车道、人行道及分隔设施等组成。
2）道路横断面型式根据分隔情况，有单幅路、双幅路、三幅路、四幅路。对于沿线社会车辆需要进出的快速路、主干道，应考虑主路与辅道相结合的断面型式。路面分隔设施可为绿岛或隔离墩（栏）。
3）各级道路适用断面型式见表2.3-1。

各级道路适用断面型式　　　　　　　　　　表2.3-1

断面型式 道路类别	单幅路	双幅路	三幅路	四幅路
快速路		○		○
主干路		○	○	○
次干路	○	○	○	
支路	○			

注：表中"○"表示各级道路的适用断面型式。

4）同一条道路宜采用相同型式的横断面。当道路横断面型式或横断面各组成部分的宽度变化时，应设过渡段，宜以交叉口或结构物为起止点。

3. 机动车道宽度

各级道路的机动车车道宽度一般根据使用车型及计算行车速度确定。
根据《公路路线设计规范》（JTG D20-2006）及《城市道路设计规范》（CJJ 37-90）中的规定，结合江苏省的建设经验，机动车车道宽度见表2.3-2。

机动车车道宽度　　　　　　　　　　表2.3-2

道路类别	快速路	主干路、次干路	支路	
			大中城市	小城市
车道宽度(m)	3.75	3.50	3.25	3.00

注：快速路至少有一条车道宽度采用3.75m。

4. 非机动车道宽度

1）非机动车车行道主要供自行车行驶，应根据自行车设计交通量与每条自行车道设计通行能力计算自行车车道条数。
2）非机动车车道宽度见表2.3-3。

非机动车车道宽度　　　　　　　　　　表2.3-3

车辆种类	自行车	三轮车	板车
非机动车车道宽度（m）	1.0	2.0	1.5~2.0

3）非机动车道路面宽度包括几条自行车车道宽度及两侧各 25cm 路缘带宽。

4）非机动车道路面宽度既应体现机动车与非机动车分离的原则，又要兼顾远期满足一条路边停车道或一条机动车道宽度的要求，故非机动车道宽度宜不小于 3.5m。

5. 人行道宽度

人行道宽度必须满足行人通行的安全和顺畅，其宽度不得小于表 2.3-4 规定数值。

人行道最小宽度　　　　　　　　　　表 2.3-4

类别	人行道宽度（m）	
	大城市	中、小城市
各级道路	3	2

注：表中人行道宽度不含设施带宽度。

6. 设施带宽度

设施带宽度包括设置行人护栏、照明灯柱、标志牌、信号灯等所需宽度。红线宽度较窄及条件困难时，设施带可与绿化带合并，但应避免各种设施与树木间的干扰。设施带宽度见表 2.3-5。

设施带宽度　　　　　　　　　　表 2.3-5

项目	宽度(m)
设置行人护栏	0.25～0.50
设置杆柱	1.0～1.50

注：如同时设置护栏与杆柱时，宜采用表中宽度最大值。

7. 分车带宽度

分车带按其在横断面中的不同位置与功能分为中间分车带（简称中间带）及两侧分车带（简称两侧带）；分车带由分隔带及两侧路缘带组成；分隔带按其隔离形式分为绿岛、隔离墩（栏）及交通标线。分车带宽度见表 2.3-6、表 2.3-7。

分车带最小宽度（一）　　　　　　　　　　表 2.3-6

分车带类别		中间带			两侧带		
计算行车速度(km/h)		80	60, 50	≤40	80	60, 50	≤40
分隔带最小宽度(m)		2.00	1.50	1.50	1.50	1.50	1.50
路缘带宽度(m)	机动车道	0.50	0.50	0.25	0.50	0.50	0.25
	非机动车道	—	—	—	0.25	0.25	0.25
分车带最小宽度(m)		3.00	2.50	2.00	2.25	2.25	2.00

分车带最小宽度（二）　　　　　　　　　　表 2.3-7

分车带类别	中间带			两侧带		
计算行车速度(km/h)	80	60, 50	≤40	80	60, 50	≤40
隔离墩（栏）宽度(m)	0.5	0.5	0.5	0.5	0.5	0.5
双黄线宽度(m)	0.5	0.5	0.5	0.5	0.5	0.5

8. 各类道路典型断面

各类道路典型断面见图 2.3-1～图 2.3-8。

1) 单幅道路典型断面 [参考图 2.3-1、图 2.3-2(a)～(d)]

图 2.3-2（a）所示道路断面特点：
(1) 双车道，机非混行，路幅宽度 22～24m。
(2) 机动车及非机动车的通行能力均受到限制。
(3) 绿化率 12.5%～13.6%，绿化率较低。
(4) 适合于城市支路。

图 2.3-2(b) 所示道路断面特点：
(1) 双车道，行人与非机动车混行，路幅宽度 28～32m。
(2) 提高机动车通行能力，非机动车通行能力受到一定限制。
(3) 绿化率 28.1%～32.1%。
(4) 适合于大城市支路、中等城市次干路及小城市干路。

图 2.3-2（c）所示道路断面特点：
(1) 双向四车道，行人与非机动车混行，路幅宽度 35～40m。
(2) 提高机动车通行能力，非机动车通行能力受到一定限制。
(3) 绿化率 25%～25.7%。
(4) 适合于大城市次干路、中等城市主干路及小城市干路。

图 2.3-2（d）所示道路断面特点：
(1) 双向四车道，机非混行，路幅宽度 35～40m。
(2) 机动车及非机动车通行能力均受到限制。
(3) 绿化率 17.1%～22.5%。
(4) 适合于大城市次干路、中等城市主干路及小城市干路。

图 2.3-1　单幅路典型断面效果图

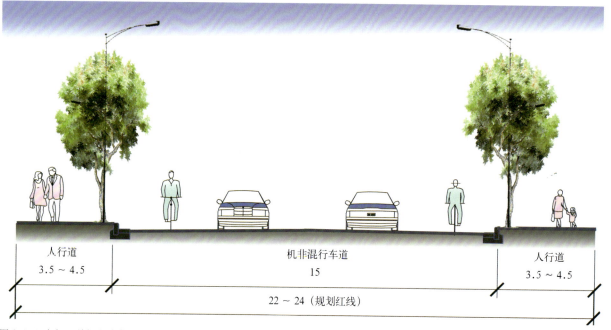

图 2.3-2（a）　单幅道路典型断面（一）（单位：m）

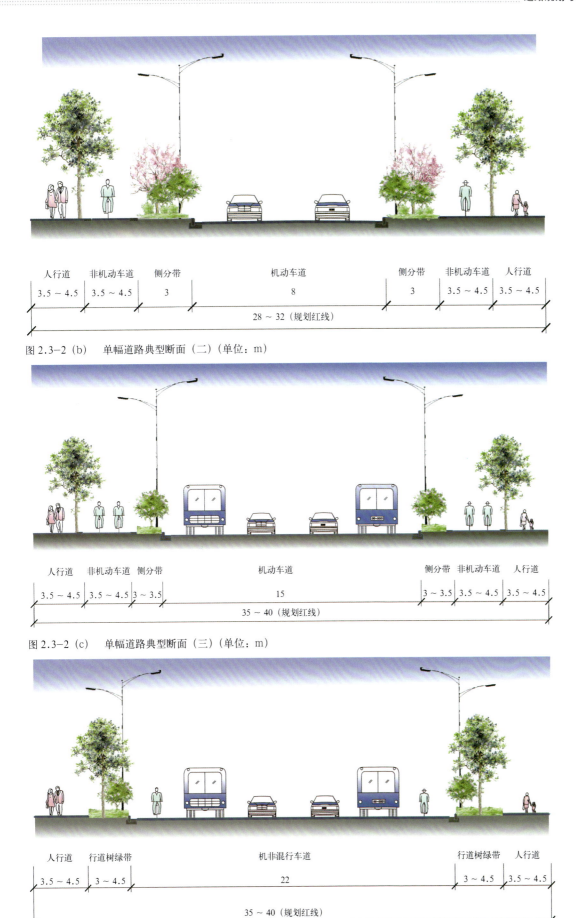

图 2.3-2（b） 单幅道路典型断面（二）（单位：m）

图 2.3-2（c） 单幅道路典型断面（三）（单位：m）

图 2.3-2（d） 单幅道路典型断面（四）（单位：m）

2）双幅道路典型断面 [参考图 2.3-3、图 2.3-4（a）~（d）]

图 2.3-4（a）所示道路断面特点：

（1）双向四车道，行人与非机动车混行，路幅宽度 35 ~ 40m。

（2）提高机动车通行能力，非机动车通行能力受到一定限制。

（3）绿化率 25% ~ 25.7%。

（4）适合于大城市次干路、中等城市主干路及小城市干路。

图 2.3-4（b）所示道路断面特点：

（1）双向四车道，机非混行，路幅宽度 35 ~ 40m。

（2）机动车及非机动车的通行能力受到限制。

（3）绿化率 17.1% ~ 22.5%。

（4）适合于大城市次干路、中等城市主干路及小城市干路。

图 2.3.3 双幅道路典型断面效果图

图 2.3-4（c）所示道路断面特点：

（1）双向六车道，行人与非机动车混行，路幅宽度 46 ~ 50m。

（2）提高机动车通行能力，非机动车通行能力受到一定限制。

（3）绿化率 21.7% ~ 24%。

（4）适合于大城市主干路。

图 2.3-4（d）所示道路断面特点：

（1）双向八车道，路幅宽度 45 ~ 50m。

（2）限制非机动车通行，机动车通行能力大。

（3）中央分隔带较宽，景观效果好，绿化率 31.1% ~ 38.0%。

（4）适合于大城市控制沿线社会车辆进入主线的城市快速路。

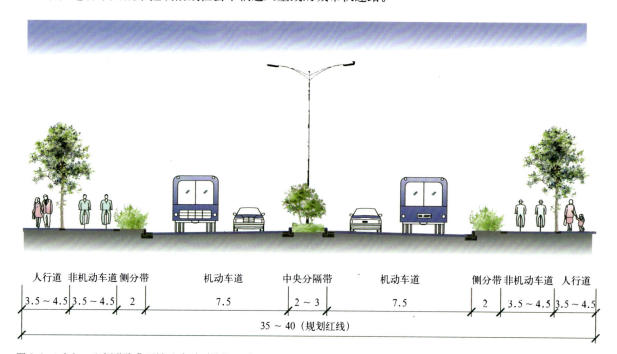

图 2.3-4（a） 双幅道路典型断面（一）（单位：m）

道路规划与设计

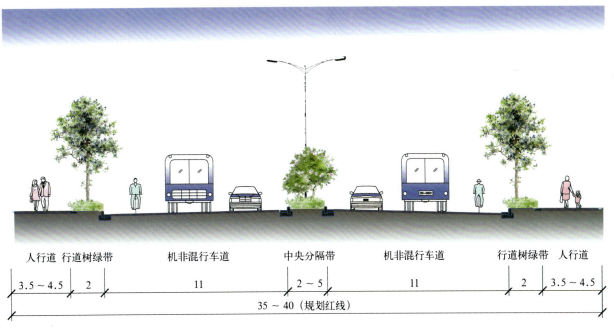

图 2.3-4（b） 双幅道路典型断面（二）（单位：m）

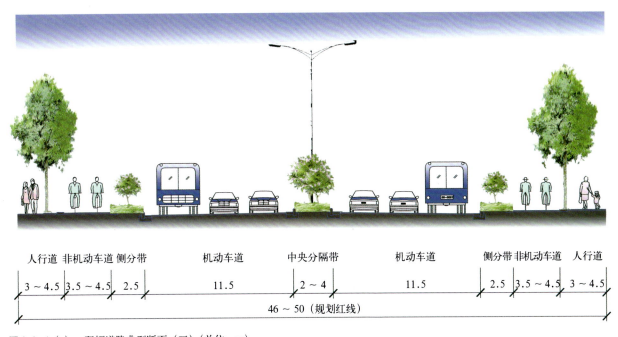

图 2.3-4（c） 双幅道路典型断面（三）（单位：m）

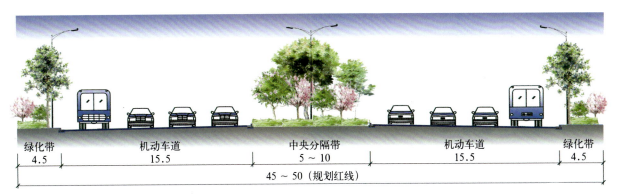

图 2.3-4（d） 双幅道路典型断面（四）（单位：m）

3）三幅道路典型断面［参考图 2.3-5、图 2.3-6（a）~（b）］

图 2.3-6（a）所示道路断面特点：

（1）双向四车道，机动车与非机动车分行，路幅宽度 35~40m。

（2）提高机动车与非机动车通行能力。

（3）绿化率 25%~25.7%。

（4）适合于大城市次干路及中等城市主干路。

图 2.3-6（b）所示道路断面特点：

（1）双向六车道，机动车与非机动车分行，路幅宽度 46~50m。

图 2.3-5　三幅道路典型断面效果图

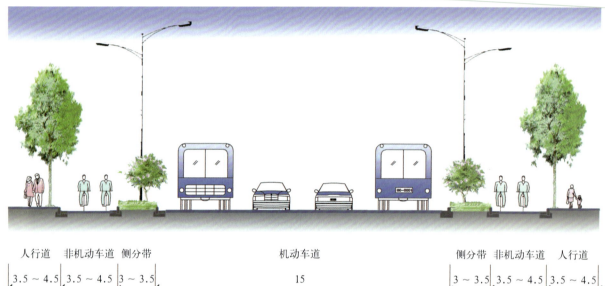

图 2.3-6（a）　三幅道路典型断面（一）（单位：m）

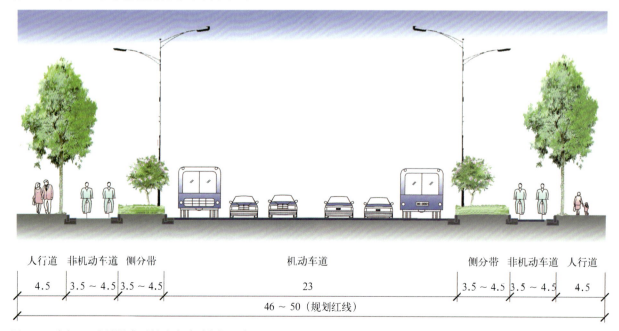

图 2.3-6（b）　三幅道路典型断面（二）（单位：m）

(2) 提高机动车与非机动车通行能力。

(3) 绿化率 21.7%～24.0%。

(4) 适用于大城市主干路。

4) 四幅道路典型断面 [参考图 2.3-7、图 2.3-8 (a) ～ (e)]

图 2.3-8 (a) 所示道路断面特点：

(1) 双向四车道，机动车与非机动车分行，路幅宽度 40～45m。

(2) 提高机动车与非机动车通行能力，机动车行驶安全。

图 2.3-7　四幅道路典型断面效果图

(3) 绿化率 33.3%～35.0%，景观效果好。

(4) 适用于中等城市主干路及大城市主、次干路。

图 2.3-8 (b) 所示道路断面特点：

(1) 双向六车道，机动车与非机动车分行，路幅宽度 50～60m。

(2) 提高机动车与非机动车通行能力，机动车行驶安全。

(3) 绿化率 28%～36.7%，景观效果好。

(4) 适用于对景观要求较高的大城市主干路。

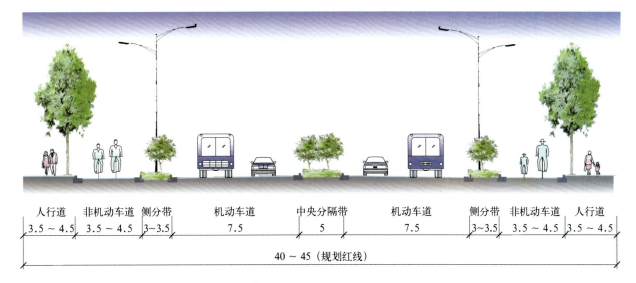

图 2.3-8 (a)　四幅道路典型断面（一）（单位：m）

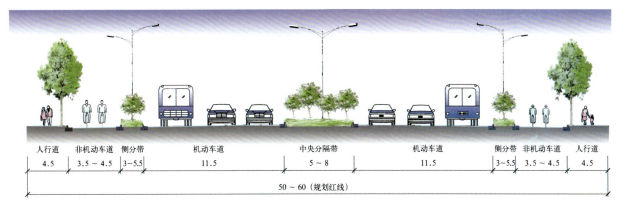

图 2.3-8 (b)　四幅道路典型断面（二）（单位：m）

图 2.3-8（c）所示道路断面特点：
(1) 双向八车道，机动车与非机动车分行，路幅宽度 60～70m。
(2) 提高机动车与非机动车通行能力，机动车行驶安全。
(3) 绿化率 28.3%～32.9%，景观效果好。
(4) 适用于对景观要求较高的大城市主干路。

图 2.3-8（d）所示道路断面特点：
(1) 双向十车道，机动车与非机动车分行，人行与非机动车混行，路幅宽度 70～80m。
(2) 设置辅道，提高主线机动车道能力，机动车行驶安全，非机动车通行受到一定限制。
(3) 绿化率 27.1%～33.8%，景观效果好。
(4) 适用于对景观要求较高的大城市主干路。

图 2.3-8（e）所示道路断面特点：
(1) 双向十车道，路幅宽度 60～70m。
(2) 设置辅道，限制非机动车通行，提高主线机动车道能力。
(3) 绿化率 35.0%～44.3%，景观效果好。
(4) 适用于对景观要求高的大城市快速路。

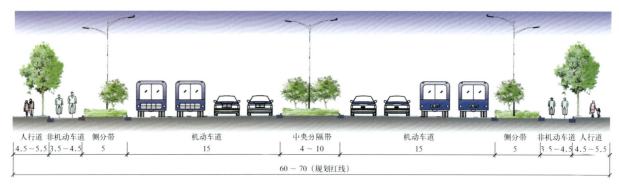

图 2.3-8（c） 四幅道路典型断面（三）（单位：m）

图 2.3-8（d） 四幅道路典型断面（四）（单位：m）

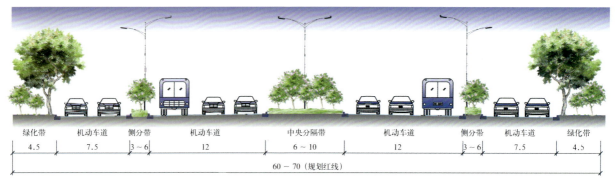

图 2.3-8（e） 四幅道路典型断面（五）（单位：m）

2.4 管线综合规划

1. 规划原则

1)地下管线设计应根据城市地下管网规划，既应节约用地，又应近远期结合，为远期扩建留有余地。

2)对各种管线应全面规划、综合设计，合理确定其位置与标高。

3)地下管线应与道路中线平行，分配管线应敷设在支管线较多的同侧，同一管线不应从道路的一侧转到另一侧，以免多占位置并增加管线间的交叉。

建筑红线较宽时，给水、燃气、热力、通信、电力的分配管线与排水管可沿道路两侧双排敷设。

4)地下管线（除综合管道）可布置在两侧带下面。用地不够时，可布置在非机动车道下面。

快速路主线机动车道下面不宜布置任何管线。在主干路、次干路两侧带及非机动车道下面布置管线有困难时，可在机动车道下面埋设雨水管、污水管。在支路下面可埋设各种管线。机动车道下的管线选位应尽量避免其检查井正位于车轮行驶轨迹上。

5)各种管线与建筑物、树木、杆柱、缘石、其他管线间的水平距离和管线交叉时的垂直净距，应符合各专业有关规定。

6)重要交叉口（包括立体交叉）或水泥混凝土等刚性路面下，应预埋过街管。

7)在下列情况下宜采用管线综合管沟：

（1）交通运输繁忙、管线设施复杂、埋设管线安排有困难的快速路、主干路以及配合地下铁道、立体交叉等大规模工程的修建；

（2）重要广场、交叉口；

（3）道路与铁路、河流交叉处；

（4）水泥混凝土等刚性路面下。

综合管沟的埋设深度与结构强度应满足道路施工荷载与路面行车荷载的要求。其出入口与通风设施的地面建筑应满足道路建筑限界要求，并注意街景美观。管沟的尺寸应根据管线的种类、数量等因素结合具体情况确定。图2.4-1、图2.4-2为某城市综合管沟的断面形式图。

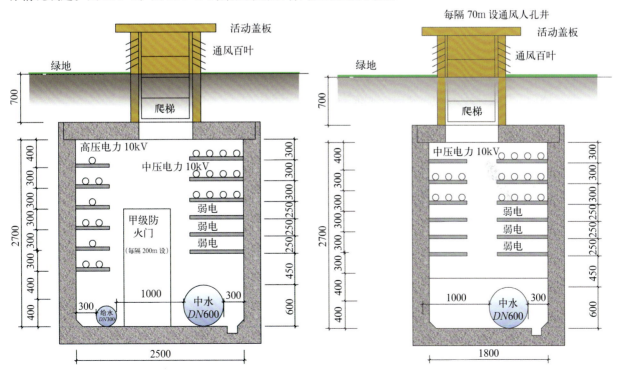

图2.4-1 综合管沟断面示意图一　　　　　图2.4-2 综合管沟断面示意图二

表 2.4-1

工程管线之间及其与建（构）筑物之间的最小水平净距（m）

序号	管线名称		1 建筑物	2 给水 d≤200mm	2 给水 d>200mm	3 污水、雨水排水管	4 燃气中压 B	4 燃气中压 A	5 热力管线 直埋	5 热力管线 地沟	6 电力电缆 直埋	6 电力电缆 缆沟	7 电信电缆 直埋	7 电信电缆 管道	8 乔木	9 灌木	10 地上杆柱 通信照明及<10kV	10 高压铁塔基础边 ≤35kV	10 高压铁塔基础边 >35kV	11 道路侧石边缘	12 铁路钢轨（或坡脚）
1	建筑物			1.0	3.0	2.5	1.5	2.0	2.5	0.5	0.5	0.5	1.0	1.5	3.0	1.5	*				6.0
2	给水管	d≤200mm	1.0			1.0	0.5		1.5		0.5		1.0		1.5		0.5			1.5	
		d>200mm	3.0			1.5														1.5	
3	污水、雨水排水管		2.5	1.0	1.5		1.2		1.5		0.5		1.0		1.5		0.5			1.5	5.0
4	中压燃气	0.005MPa<p≤0.2MP	1.5	0.5		1.2	DN≤300mm,0.4		1.0	1.5	0.5		0.5	1.0	1.2	1.5	1.0	1.0	5.0	1.5	5.0
		0.2MPa<p≤0.4MP	2.0																		
5	热力管线	直埋	2.5	1.5		1.5	1.0	1.5			2.0		1.0		1.5	1.5	1.0	2.0	3.0	1.5	
		地沟	0.5																		
6	电力电缆	直埋	0.5	0.5		0.5	0.5						0.5		1.0	1.0	0.5	0.6	0.6	1.5	3.0
		缆沟	0.5																		
7	电信电缆	直埋	1.0	1.0		1.0	0.5		1.0		0.5				1.0	1.0	0.5	0.6	0.6	1.5	2.0
		管道	1.5				1.0								1.5		1.5				
8	乔木（中心）		3.0	1.5		1.5	1.2		1.5		1.0		1.0	1.5			1.5	0.5			0.5	
9	灌木		1.5	0.5		0.5	1.0		1.0		1.0		1.0	1.0				0.6				
10	地上杆柱	通信照明及<10kV	*	0.5		1.5	1.0		1.0		0.5		0.6		0.5	0.5				0.5	
		高压铁塔 ≤35kV		3.0			5.0		2.0		0.6				0.6						
		>35kV							3.0												
11	道路侧石边缘		1.5	1.5		1.5	1.5	2.5	1.5		1.5		1.5		0.5	0.5	0.5	0.5	0.5		
12	铁路钢轨（或坡脚）		6.0			5.0					3.0		2.0								

8）旧路扩建时，管线应按规划位置敷设。当不能按规划位置敷设且水平净距及垂直净距等又不符合有关技术规定时，应结合城市建设逐步改建使其符合规划要求。

9）各种地下管线的埋设深度与结构强度应满足道路施工荷载与路面行车荷载的要求，否则，应采取加固措施。

2．规划内容

城市道路管线综合规划主要内容是在道路红线范围内依据《城市工程管线综合规划规范》(GB 50289-98)，合理确定各工程管线的横向与竖向距离。一般道路下，工程管线主要有：给水管线、雨水管线、污水管线、电力管线、热力管线、燃气管线、路灯管线及联合通信管线等。

3．规划要求

一般情况下，城市道路建设中各类管线综合规划设计应符合以下的原则，特殊情况下，争取安全可靠的措施也可以因地制宜地确定。

1）最小水平净距的确定

依据《城市工程管线综合规划规范》(GB 50289-98)的要求，上述8种工程管线之间以及它们与建筑物、树木等之间的最小水平净距见表2.4-1。

2）最小垂直净距的确定

当各种工程管线发生交叉时，根据《城市工程管线综合规划规范》(GB 50289-98)的要求，各种工程管线之间的最小净距应满足工程管线交叉时最小垂直净距（见表2.4-2）。

工程管线交叉时的最小垂直净距（m） 表2.4-2

序号	净距（m） 下面的管线名称 上面的管线名称		1 给水管线	2 污、雨水排水管线	3 热力管线	4 燃气管线	5 电信管线		6 电力管线	
							直埋	管块	直埋	管沟
1	给水管线		0.15							
2	污、雨水排水管线		0.40	0.15						
3	热力管线		0.15	0.15	0.15					
4	燃气管线		0.15	0.15	0.15	0.15				
5	电信管线	直埋	0.50	0.50	0.15	0.50	0.25	0.25		
		管块	0.15	0.15	0.15	0.15	0.25	0.25		
6	电力管线	直埋	0.15	0.50	0.50	0.50	0.50	0.50	0.50	0.50
		管沟	0.15	0.50	0.50	0.15	0.50	0.50	0.50	0.50
7	沟渠（基础底）		0.50	0.50	0.50	0.50	0.50	0.50	0.50	0.50

3）工程管线区最小覆土厚度

(1) 给水管，管顶最小覆土厚度为1.1m。
(2) 燃气管，管顶最小覆土厚度为1.1m。
(3) 电力电缆，管顶最小覆土厚度为0.7m。
(4) 路灯电缆，管顶最小覆土厚度为0.7m。
(5) 联合通信电缆，管顶最小覆土厚度为0.7m。
(6) 污水管，管顶最小覆土厚度为1.5m。
(7) 雨水管，管顶最小覆土厚度为1.5m。

4．管线综合典型断面

管线综合主要依据《城市工程管线综合规划规范》(GB 50289-98)，并根据当地规划部门的管线规划，结合实际情况，统一布置。

如南京地区一般根据以下原则：东北侧布置给水管道、雨水管道、电力管道和热力管道，西南侧布置污水管道、联合通信管沟、燃气管道。见图2.4-3～图2.4-6。

图2.4-3所示断面特点：
（1）单幅路管线综合断面。
（2）路幅宽度较窄，单侧布置雨、污水管。
（3）管线尽量布置在人行道、非机动车道下。

图2.4-4所示断面特点：
（1）双幅路管线综合断面。
（2）双侧布置雨、污水管。
（3）管线尽量布置在人行道、非机动车道下。
（4）管线设在机动车道下时，应避免其检查井位于车轮行驶轨迹上。

图2.4-5所示断面特点：
（1）三幅路管线综合断面。
（2）双侧布置雨、污水管。
（3）管线宜布置在人行道、绿化带、非机动车道下。

图2.4-6所示断面特点：
（1）四幅路管线综合断面。
（2）双侧布置雨、污水管。
（3）管线宜布置在人行道、绿化带、非机动车道下。

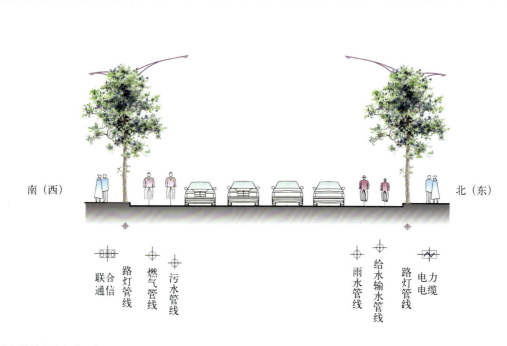

图2.4-3 单幅路管线综合典型断面

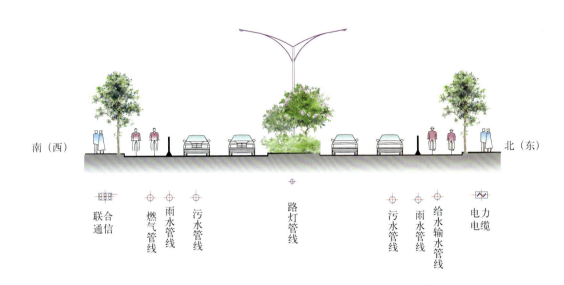

图 2.4-4 双幅路管线综合典型断面

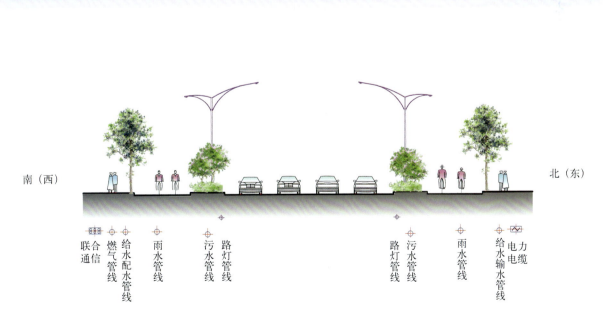

图 2.4-5 三幅路管线综合典型断面

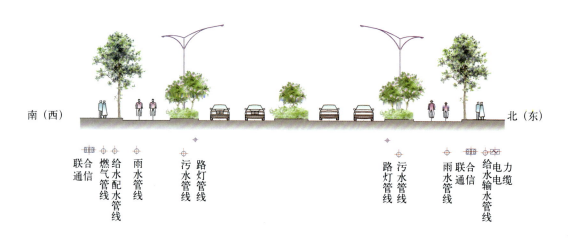

图 2.4-6 四幅路管线综合典型断面

3 道路主体设施

3.1 机动车道铺装

机动车道主要满足车辆的快速、安全行驶要求。路面要求平整、舒适。路面设计应根据道路等级与使用要求，遵循因地制宜、合理选材、节约资源、方便施工、利于养护的原则，结合当地条件和实践经验，对路面进行综合设计，以达到技术经济合理、安全耐久适用的目的。

1. 道路设计采用双轮组单轴载 100kN 作为标准轴载，以 BZZ-100 表示。在设计中各种车型的不同轴载应换算成 BZZ-100 标准轴载的当量轴载（见表 3.1-1）。

各种车型的轴载换算　　　表 3.1-1

交通等级	代号	折合 BZZ-100 标准轴载（$\times 10^6$/车道）
特轻交通	A	<1.0
轻交通	B	1.0～4.0
中交通	C	4.0～12.0
重交通	D	12.0～25.0
特重交通	E	>25.0

2. 设计年限应根据经济、交通发展情况以及该道路在路网中的地位，考虑环境和投资条件综合确定。路面结构达到临界状态的设计年限不低于下列规定：

1) 沥青混凝土路面为 15 年；支路修筑沥青混凝土路面时，可采用 10 年。见图 3.1-1、图 3.1-2。
2) 水泥混凝土路面：特重交通为 40 年；重交通、中等交通为 30 年；轻交通为 20 年。见图 3.1-3。

3. 路面结构组合设计

路面结构层由面层、基层、底基层、垫层等多层结构组成。结构组合设计应根据道路所在地区的水文地质、气候特点、道路等级与使用要求、交通量及其交通组成等因素，结合当地实践经验，选择适宜的路面结构组合，拟定结构层的厚度。路面结构层的组合形式具体参见附录 A。

4. 城市道路机动车道一般采用沥青混凝土路面，在矿区、港口区及山区等区域可以采用水泥混凝土路面。

图 3.1-1　沥青混凝土路面

图 3.1-2　彩色沥青混凝土路面

图 3.1-3　水泥混凝土路面

沥青混凝土路面可以根据重交通量的特殊需要采用改性沥青材料，并根据技术和施工发展积极尝试使用透水路面等新型路面。

3.2 非机动车道铺装

1. 非机动车道主要供自行车行驶，路面推荐采用沥青混凝土路面，利于行车的舒适。见图3.2-1。
2. 非机动车道路面结构层的组合形式具体参见附录A。

图3.2-1 沥青混凝土铺装的非机动车道

3.3 人行道铺装

1. 人行道的铺装材料可根据道路性质、工程投资、周边环境以及景观要求等因素综合考虑，可采用面材、预制混凝土道板、压模混凝土、透水混凝土等材质或几种材质相结合（见图3.3-1～图3.3-6）。

图3.3-1 预制混凝土道板

图3.3-2 预制混凝土道板

图3.3-3 压模混凝土道板

图3.3-4 花岗石道板

图 3.3-5 预制混凝土道板　　　　　　　　　　图 3.3-6 预制混凝土道板及彩色混凝土铺装

2. 人行道路面结构层的组合形式具体参见附录 A。

3.4　多孔水泥混凝土路面

1. 多孔水泥混凝土路面简介

多孔水泥混凝土又可以称为排水性水泥混凝土或透水性水泥混凝土，根据使用范围的不同，多孔水泥混凝土既可以用作面层，又可以用为基层（见图 3.4-1、图 3.4-2）。由于多孔水泥混凝土路面材料具有以上诸多的优良特点，其可以广泛应用于广场、步行街、道路两侧和中央隔离带、公园内道路以及停车场等，增加了城市的透水、透气空间，对调节城市微气候、保持生态平衡有着良好的效果。

2. 多孔混凝土路面优点

1）降噪

多孔水泥混凝土由于具有较大的孔隙率，一方面，可以使路面／轮胎噪声得到很好的宣泄，抑制单极子噪声源的产生，从而减少噪声；另一方面，在声学上，将多孔性路面结构看成是具有刚性骨架的多孔性吸声材料，可以起到吸声的效果。

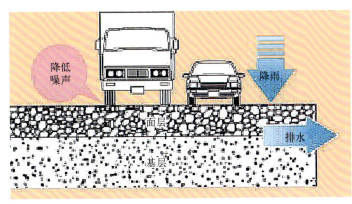　　

图 3.4-1　多孔水泥混凝土路面示意图　　　　　图 3.4-2　多孔水泥混凝土路面

2）排水

由于多孔水泥混凝土存在较大的有效孔隙率，具有较强的排水性能，使得路表积水可以不经排水设施而直接从路面结构中下渗而迅速排出，这样就减少了溅水、喷雾等危害的发生（见图 3.4-3）。而且，多孔水泥混凝土的骨架孔隙结构，增加了路表的摩擦系数及路面抗车辙能力，进一步增加了行车安全。

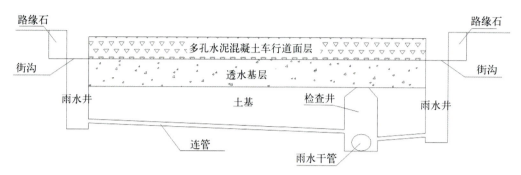

图 3.4-3　多孔水泥混凝土路面车行道面排水示意图

3.5　路缘石及护栏

1. 路缘石

1）缘石宜高出路面边缘 10～20cm，隧道内、线形弯曲路段或陡峻路段等处，可高出 25～40cm。并应有足够的埋置深度，以保证稳定，路缘石宽度宜为 10～15cm，相邻路缘石接缝宽度宜为 10mm。

2）桥上缘石的规定应符合现行的有关规范的要求。

路缘石见图 3.5-1～图 3.5-5。

3）在分隔带端头或交叉口的小半径处，缘石宜做成曲线形（见图 3.5-6）。

4）景观大道中分带、侧分带、人行道路缘石侧石可采用花岗岩，平石采用预制混凝土，见图 3.5-7。

图 3.5-1　水泥混凝土路缘石

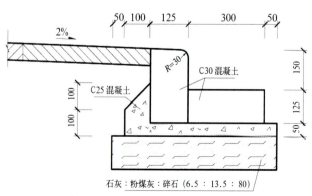

图 3.5-2　水泥混凝土路缘石大样图

图 3.5-3　石材路缘石

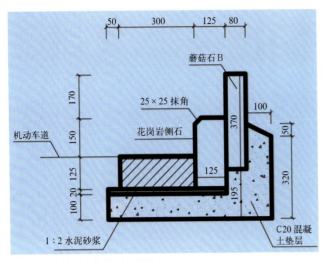
图 3.5-4 花岗岩路缘石大样图一

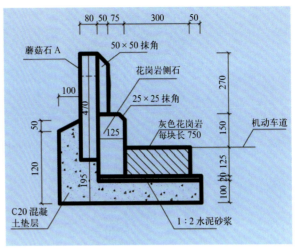
图 3.5-5 花岗岩路缘石大样图二

图 3.5-6 分隔带端头路缘石

图 3.5-7 花岗岩侧石、混凝土平石

一般道路推荐采用预制混凝土路缘石,重点路段或景观要求较高路段,可采用石材,也可采用花岗石贴面处理。

5)混凝土侧缘石抗压强度等级不小于C30,侧缘石基础需采用C25以上水泥混凝土材料,在设计图中应明确不同曲率、规格侧缘石的几何尺寸,在施工过程中必须安砌稳固,做到线直、弯顺、无折角,顶面应平整无错牙,勾缝应饱满严密、整洁坚实。

2. 护栏(见图 3.5-8 ~ 图 3.5-14)

1)快速路与郊区主干路中间分隔带上,宜采用防撞设施。防撞设施主要设置在道路障碍物前,或道路出口分叉端部或分隔带端部。常见有夹层系统防撞垫和填砂塑料防撞桶。

2)大、中型桥梁上应设置高缘石与防撞护栏。

3)城市桥梁引道、高架桥引道、立体交叉匝道、高填土道路外侧挡墙等处,高于原地面2m的路段,应设置车行护栏

图 3.5-8 隔离墩设置在广场及人流较多的道路旁限制机动车进出

图 3.5-9　柱式护栏

图 3.5-10　缆索护栏

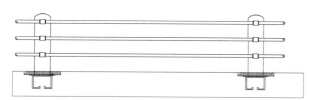

图 3.5-11　缆索护栏及大样图

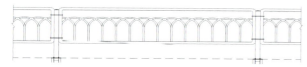

图 3.5-12　车行道护栏大样

图 3.5-13　车行道护栏

图 3.5-14　人行道护栏

或护柱等。

4）平面交叉、广场、停车场等需要渠化的范围，除画线、设导向岛外，可采用分隔物或护栏。护栏包括活动式隔离栏、固定式隔离栏和固定式隔离墩等。在商业街区路人较多时，紧邻机动车道的必须设置柱式护栏；在广场及人流相对较少的道路旁可以设置隔离墩，来控制机动车的进入；在人流相对较少又有一定景观要求的路旁停车场和道路两侧处可以设置缆索护栏，引导和控制机动车的停放。

3.6　检查井及路面排水设施

1. 检查井

城市道路上的检查井一般有雨水检查井、污水检查井、给水检查井、联合通信检查井、电力检查井、燃气检查井等。

1）快速路、主干道上的检查井不宜设置在机动车道上，而应设置在辅道或绿化带中，检查井的设置不得破坏道路使用功能。见图 3.6-1～图 3.6-3。

2）受条件限制检查井位于机动车道时，建议设置在能够避免车轮碾压的部位。应采用具有足够承载力和稳定性良好的井盖与井座，禁止使用黏土实心砖砌筑，建议采用模块式检查井或钢筋混凝土检查井，井盖建议采用五防井盖（即防盗、防跌落、防滑、防位移、防响）。设置在慢车道或人行道下的检查井，可采用满足强度要求的砖砌检查井。

3）位于人行道上的检查井盖，宜采用与人行道铺装同质材料饰面，见图 3.6-4。

图 3.6-1　绿化带中的检查井宜与绿化的布局相协调

图 3.6-2　检查井设置在辅道中部

图 3.6-3　检查井的设置不得破坏道路使用功能

图 3.6-4　检查井采用同种材质铺装

4）为防止检查井下沉，检查井室基础应根据地基承载力、荷载等情况作出设计，检查井基础应与管道基础连成整体。

2. 路面排水设施

路面排水设施的设置应依据《室外排水设计规范》（GB 50014-2006）中的相关规定。

1）雨水口

（1）平箅式雨水口：收水效果较好，但景观效果稍差。建议用于道路纵坡较大及对排水要求较高的道路。建议道路平石宽度与雨水口的宽度一致，见图 3.6-5。

图 3.6-5　雨水口设置宽度与路沿宽度一致

（2）侧式雨水口：景观效果较好，但收水效果稍差。建议用于较平坦且对景观要求较高的道路；公交停靠站处宜设置侧式雨水口。设置侧式雨水口的缘石高度应相应增高，见图 3.6-6、图 3.6-7。

2）排水边沟

（1）景区内的道路可采用排水边沟，设置在道路两侧。见图 3.6-8。

（2）边沟一般采用明沟，在人群密集的景区及跨线桥引道等处可采用盖板沟，材质可采用混凝土或浆

图 3.6-6 设置在人行道上的侧式雨水口

图 3.6-7 设置在侧分带上的侧式雨水口

图 3.6-8 排水明沟

砌片石。见图 3.6-9。

3）过水槽

（1）当三幅路或四幅路机动车道外侧未设置雨水口时或设置雨水口将增加较大工程量时（如单幅路拓宽改造成三幅路或四幅路时），可在两侧带上每隔一段距离设置一道过水槽，过水槽可采用敞开式与盖板式，见图 3.6-10。

（2）当单幅或双幅路采用边沟排水，而人行道内侧设置了缘石时，可在人行道上设置盖板式过水槽，收集路面水经过水槽排入雨水边沟内，见图 3.6-11。

（3）在公交停靠站处若无条件设置雨水口或设置困难时，可考虑设置盖板式过水槽。

4）横向截水沟

（1）隧道进出口处或隧道最低点应设置横向截水沟，集中收集后经泵站排出，见图 3.6-12。

（2）当道路两侧建筑物（如停车场、地下室等）地坪标高低于道路标高时，应在门坡处设置截水沟，见图 3.6-13。

图 3.6-9 盖板沟

图 3.6-10 敞开式过水槽

（3）截水沟设计应保证坚固耐用，便于维修保养，并注意降低噪声。机动车道处截水沟应采用钢构件加工成型，人行道和非机动车道处截水沟可以采用预制混凝土材料，见图 3.6-14。

5）隐形排水沟

对于广场、景观路或步行街，建议设置隐形排水沟，见图 3.6-15、图 3.6-16。

图 3.6-11 盖板过水槽

图 3.6-12 隧道进出口处横向截水沟

图 3.6-13 停车场门坡处横向截水沟

图 3.6-14 截水沟设计大样图

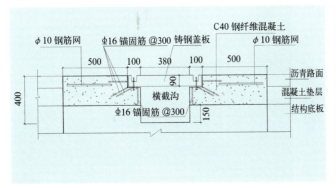

图 3.6-15 步行街收水口

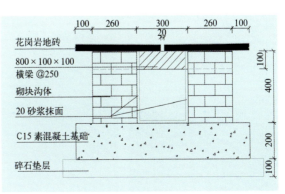

图 3.6-16 隐形排水沟设计大样图

3.7 道路照明设施

1. 道路的照明标准应根据城市规模、性质、道路等级确定,满足《城市道路照明设计标准》(CJJ 45—2006)中的规定。大力推广"绿色照明"(采用节能高效照明灯具),主要满足夜间照明功能为主。

2. 路灯的布设根据道路的等级、断面宽度的不同而采取不同的布设方式:单侧布置、双侧交错布置及双侧对称布置等。路灯一般布设在人行道或绿化带内(见图3.7-1、图3.7-2),布设间距根据照明标准确定。

3. 路灯管线一般敷设于缘石内侧0.3～0.5m处,人行道上的行道树及绿化带内的乔木的种植应避开路灯管线,满足规范中所规定的"树木中心与地下管线外缘最小水平距离"的要求,同时路灯杆位应错开行道树布置。

4. 交叉口的照度值应比路段照度值提高一个等级。

5. 光源和灯具的选择

1) 光源选择

(1) 快速路、主干路、次干路和支路应采用高压钠灯。

(2) 居住区机动车和行人混合交通道路宜采用高压钠灯或小功率金属卤化物灯。

(3) 市中心、商业中心等对颜色要求较高的机动车交通道路可采用金属卤化物灯。

(4) 商业区步行街、居住区人行交通道路、机动车交通道路两侧人行道可采用小功率金属卤化物灯、细管荧光灯或紧凑型荧光灯。

(5) 道路照明不应采用自镇流高压汞灯和白炽灯。

2) 灯具选择

(1) 机动车道路应选择功能性灯具。供机动车行驶的快速路、主干路、次干路和支路都必须采用功能性灯具,因为只有功能性灯具才能充分发挥单位能源在照明中的作用。

灯具造型对美化城市景观有重要作用,在满足功能照明的前提下,可以采用造型美观的灯具;灯具的风格与形式应与街道的建筑环境相协调,与所在地区和街道的风格、色彩相统一。当装饰与功能有冲突时,功能应放在第一位。

(2) 非机动车及人行的道路宜选功能与装饰结合的灯具。

(3) 对于景观道路、商业街、景区及居民小区,可补充设置装饰性灯具,在满足功能的前提下,兼顾景观效果。见图3.7-3～图3.7-5。

(4) 灯具的防护等级应不低于IP-54,即防尘和防溅水。最好用IP-65,即尘密和防溅水。防护等级越高,灯具的维护系数越高,照明效果的维持程度越高。否则减少的投资会以牺牲照明效果为代价。

(5) 灯具内配套的镇流器应符合国家标准中对能效因数(BEF)的要求。

图3.7-1 设置在侧带中的路灯　　图3.7-2 设置在人行道上的路灯　　图3.7-3 设置在道路绿化带中的装饰性灯具

(a) (b) (c)

图 3.7-4 设置在景区的装饰性灯具

图 3.7-5 设置在小区内的装饰性灯具

3.8 公交车、出租车停靠站

1. 公交停靠站

1) 公交停靠站的布置方式，按其设置的位置，分为沿人行道边缘及沿机动车道在侧分带设置两种；按几何形状又分为港湾式和非港湾式两类。布置方式取决于道路横断面型式。

2) 单幅路及双幅路上，为减少公交车与非机动车的干扰，有条件的道路可设置公交停靠岛以隔离机动车与非机动车，见图 3.8-1。

3) 三幅路或四幅路宜沿两侧带设置港湾式停靠站，见图 3.8-2。

4) 为减少公交车停靠或启动时造成对其他车辆的干扰，有条件的道路应设置公交专用道或在公交停靠站处设置硬隔离，见图3.8-3、图3.8-4。

5）公交站牌的设置，应不遮挡视线，见图3.8-5、图3.8-6。

2. 出租车停靠站

1）出租车停靠站的布设应根据城市总体布局布设，在宾馆、酒店、商场、交通枢纽点、学校或其他较大型的人流集散点附近，可设置出租车临时停靠点。

图3.8-1　结合机动车道与非机动车道隔离设置公交停靠岛

图3.8-2　港湾式公交停靠站

图3.8-3　公交专用道与停靠站

图3.8-4　公交停靠站处设置硬隔离

图3.8-5　站牌遮挡乘客视线，不安全

图3.8-6　站牌简洁适用

2）出租车在主道上不得随意停靠；在设置了辅道的道路上，应在辅道上设站，且尽可能设置在交叉口前后；以保证不同交通流的安全为前提，同时不能严重影响其他车辆尤其是公交车辆的通行。

3）如附近已有公交停靠站，出租车临时停靠点应设在公交停靠站的上游至少50m处。

4）出租车停靠站的长度，一般设置为6～10m。见图3.8-7。

图3.8-7　出租车停靠站

3.9　路边停车场

1. 在不严重影响交通，同时满足表3.9-1规定的条件下，允许设置少量的路边机动车停车泊位，同时配以严格的限时和收费等管理措施。

2. 在营业场所、景区用地较为空余的地方，可设置路边停车场，见图3.9-1～图3.9-3。

3. 停车场的路面铺装应结合周围环境，因地制宜，可采用沥青混凝土路面、水泥混凝土路面、草皮砖、石材、石材嵌草等，见图3.9-4～图3.9-6。

路边机动车停车泊位设置　　表3.9-1

道路类别		机动车道宽度B	停车状况
城市道路（支路）	双向道路	B≥12m	允许双侧停车
		12m>B≥8m	允许单侧停车
		B<8m	禁止停车
	单行道路	B≥9m	允许双侧停车
		9m>B≥6m	允许单侧停车
		B<6m	禁止停车
巷弄或断头路		B≥9m	允许双侧停车
		9m>B≥6m	允许单侧停车
		B<6m	禁止停车

图3.9-1　路边停车场一

图3.9-2　路边停车场二

图3.9-3　景区停车场

图3.9-4　石材嵌草停车场图

图 3.9-5　沥青混凝土路面停车场　　　　　　　　图 3.9-6　草皮砖停车场

3.10　无障碍设施

1. 城市道路无障碍设施包括缘石坡道、坡道与梯道、盲道、人行横道、标志等，其设置应依据《城市道路和建筑物无障碍设计规范》（JGJ 50—2001）中的相关规定。

2. 缘石坡道设计应符合下列规定：

1）人行道的各种路口必须设置缘石坡道；

2）缘石坡道应设在人行道的范围内，并应与人行横道相对应；

3）缘石坡道可分为单面缘石坡道和三面缘石坡道；

4）缘石坡道的坡面应平整，且不应光滑；

5）缘石坡道下口高出车行道的地面不得大于 20mm。

3. 单面缘石坡道和三面缘石坡道的设计应符合《城市道路和建筑物无障碍设计规范》（JGJ 50—2001）中的相关规定。

根据江苏省的道路建设经验，缘石坡道建议采用单面坡，见图 3.10-1、图 3.10-2。

4. 人行道设置的盲道位置和走向，应方便视残者安全行走和顺利到达无障碍设施位置。

5. 指引残疾者向前行走的盲道应为条形的行进盲道；在行进盲道起点、终点及拐弯处应设圆点的提示盲道；盲道表面触感部分以下的厚度应与人行道砖一致。

6. 行进盲道宜与人行道走向一致；其宽度宜为 0.3～0.6m；对于宽度为 3m 及以下的人行道，行进盲

图 3.10-1　三面缘石坡道不利于通行　　　　　　图 3.10-2　单面缘石坡道

道宽度建议采用0.3m；人行道宽度大于3m时，行进盲道宽度建议采用0.4m；人行道宽度为2m及以下时，建议路段上不设置行进盲道，在转弯处、缘石坡道起终点等变化点处设置提示盲道，见图3.10-3、图3.10-4。

7. 行进盲道尽量布设在人行道外侧，不宜布置在自行车停放的位置，应距人行道缘石2m以上，但不应距人行道外侧建筑物太近，一般为25~50cm，见图3.10-5、图3.10-6。

8. 盲道设置应连续，如遇电话亭、电线杆、树木等障碍物时，应设置提示盲道绕避；盲道宜绕避检查井盖铺设见图3.10-7~图3.10-9。

图3.10-3　盲道设置较宽不利于行人通行

图3.10-4　盲道宽度设置较合理

图3.10-5　盲道设置在人行道外侧

图3.10-6　盲道距人行道边线太近不合理

图3.10-7　盲道设置不连续

图3.10-8　设置提示盲道改变行进方向图

9. 行进盲道在转弯处应设提示盲道，其长度应大于行进盲道的宽度；人行道中有台阶、坡道和障碍物等在相距0.25～0.5m处，应设提示盲道；距人行横道入口、广场入口、地下铁道入口等0.25～0.5m处应设提示盲道，提示盲道长度与各入口的宽度相对应。

10. 盲道的颜色宜为中黄色，结合具体工程的景观建设要求，盲道的颜色及材质亦可与人行道的颜色及材质一致，见图3.10-10、图3.10-11。

11. 在城市主要道路和居住区的公交车站，应设提示盲道和盲文站牌，其位置、高度、形式与内容，应方便视残者使用。

12. 在候车站牌一侧应设提示盲道，其长度宜为4～6m，宽度为0.3～0.6m，距路边宜为0.25～0.5m。当站台设在侧分带时，由人行道通往侧分带上的公交站台，设宽度不小于1.5m，坡度不应大于1∶12的缘石坡道。

13. 人行横道的安全岛应能使轮椅通行。

14. 城市主要道路的人行横道宜设过街音响信号。

15. 在城市广场、步行街、商业街、人行天桥、人行地道等无障碍设施的位置，应设国际通用无障碍标志牌。

图3.10-9　盲道避开检查井盖铺设

图3.10-10　面材人行道及盲道

图3.10-11　预制人行道板及盲道

4 道路附属设施

4.1 交通管理设施

1. 交通信号灯

1) 根据《道路交通信号灯设置与安装规范》(GB14886-2006)的规定,道路交通信号灯(以下简称信号灯)的设置条件为:

(1) 信号灯设置时应考虑路口、路段和道口三种情况。

(2) 应根据路口形状、交通流量和交通事故状况等条件,确定路口信号灯的设置。可设置专用于指导公共交通车辆通行的信号灯及相应配套设施。

(3) 应根据路段交通流量和交通事故状况等条件,确定路段信号灯的设置。

(4) 在道口处,应设置道口信号灯。

(5) 在设置信号灯时,应配套设置相应的道路交通标志、道路交通标线和交通技术监控设备。

2) 信号灯的安装方式包括悬臂式、附着式、柱式及门式等。

(1) 悬臂式信号灯适用于路幅较宽,车道较多的路段及交叉口。其中机动车信号灯、方向指示信号灯、车道信号灯、闪光警告信号灯悬臂长度最长不应超过最内侧车道中心,最短不小于最外侧车道中心。非机动车信号灯悬臂长度应保证非机动车信号灯位于非机动车道上空。见图4.1-1。

(2) 附着式信号灯用于非机动车道或人行横道信号灯,且附着于悬臂式或柱式信号灯杆上。见图4.1-2。

(3) 柱式信号灯一般用于人行横道信号灯,也可用于支路及街巷等断面较窄、车道较少的路段或交叉口的机动车道信号灯。见图4.1-3、图4.1-4。

(4) 门式信号灯用于隧道或高架等入口处的车道信号灯。见图4.1-5。

3) 信号灯设置的基本原则:信号灯前方光轴线左右20°范围内不得有影响信号显示的遮挡物,灯前

图4.1-1 悬臂式信号灯

图4.1-2 附着式信号灯
(人行横道信号灯附着于机动车道信号灯灯杆上)

图 4.1-3　柱式人行横道信号灯

图 4.1-4　柱式机动车道信号灯

图 4.1-5　门式车道信号灯

图 4.1-6　信号灯与标志设在同一根杆线上

20m 不要有影响信号显示的树木或其他高于信号灯下沿的遮挡物，背面不要有彩灯、广告牌等易与信号灯灯色产生混淆的物体。信号灯设置位置具体详见附录 C。

在不相互影响的前提下，信号灯宜与交通标志设置在同一根杆线上。见图 4.1-6。

2．交通标志

1）交通标志的设置应符合《道路交通标志和标线》（GB 5768-1999）的规定。应根据线形、交通状况、交通管理要求及环境气候特征等情况，设置不同种类标志。设置时需通盘考虑，整体布局，做到连贯、一致，防止出现信息不足、不当或过载的现象，对于重要的信息应给予重复显示。

2）设置地点

（1）应设在车辆行进方向易于发现的地方，其前置距离应满足交通行为人在动态条件下发现、判读标志并采取措施的时间要求。可根据具体情况设置在车行道右侧的人行道上、机动车道与非机动车道的分隔带、中央分隔带或车行道上方；特殊情况可在道路两侧同时设置。

（2）应满足规定的前置距离，不允许损坏道路结构和妨碍交通安全；不应紧靠在建筑物的门前、窗前及车辆出入口前；与建筑物保持 1m 以上的侧向距离。如不能满足时，可在道路另一侧设置或适当超出该种标志规定的前置距离。

（3）应满足视认要求，避免上跨桥、照明设施、行道树及路上构筑物等对标志的遮挡，同时不能遮挡其他交通设施。

3）交通标志支撑方式有单柱式、双柱式、悬臂式、门式与附着式。

（1）单柱式适用于警告、禁令、指示等标志，双柱式适用于长方形的指示或指路标志。

（2）在道路较宽，交通量较大，外侧车道行驶的大型车辆阻挡内侧车道小型车辆视线或者柱式安装有困难时使用悬臂式支撑方式。

（3）门式适用于：同向三车道以上的多车道道路（含同向路段上二车道，至路口为三车道）需要分别指示各车道去向时；交通量较大、外侧车道行驶的大型车辆阻挡内侧车道小型车辆视线时；互通式立交间隔距离较近、标志设置密集时；受空间限制，柱式、悬臂式安装有困难时；隧道、高架道路入口匝道处。

（4）支撑件设置有困难时宜采用附着式支撑方式。

4）主标志按功能分为警告标志、禁令标志、指示标志及指路标志。详细设置要求见附录 C。

（1）警告标志到危险地点的距离见表 4.1-1，警告标志见图 4.1-7。

标志的前置距离　　　　　　　　　　　　　　　　　表 4.1-1

管理行车速度（km/h）	71～100	40～70	<40
标志与危险地点的距离（m）	100～200	50～100	20～50

（2）禁令标志

包括禁止通行、禁止超车等。图 4.1-8 所示为限制速度标志、禁止车辆停放标志及辅助标志并设。限制速度标志应设在需要限制车辆行驶速度路段的起点，禁止车辆临时或长时停放标志应设置在禁止停车路段的起点处，一般设置在停车易引起道路交通拥堵，或影响车辆通行的地方，如城市快速干道、主干道等。当有时间、车种、范围等特殊规定时，应用辅助标志加以说明。

（3）指示标志

指示标志设置在交叉口进口道前以指示车辆行使方向、车道类别以及人行横道、准许掉头等路段上。

当车道数不大于 3 时，建议不设车道行驶方向标志；当车道数大于 3 或其他特殊路段，可结合地面车道行驶方向标线适当设置该标志（见图 4.1-9）。

（4）指路标志

根据道路的等级、途经场所以及道路附近所具有的设施可设置著名地点标志、交叉路口标志、门牌号码标志、地点识别标志、告示牌、停车场标志、人行天桥标志、人行地下通道标志、绕行标志、此路不通标志和残疾人专用设施标志。路名牌宜设置在交叉口各面及两个交叉口间距离较长的路段之间（见图4.1-10、图 4.1-11）。

5）可变信息标志：交通量较大的快速路和主干路及隧道口应通过设置可变信息牌提供即时交通信息（见图 4.1-12）。

图 4.1-7　警告标志注意人行横道

图 4.1-8　禁令标志（用辅助标志说明）

图 4.1-9　指示标志（指示车辆行驶方向）

图 4.1-10　十字交叉路口标志

图 4.1-11　路名牌标志

图 4.1-12　可变信息标志

6）辅助标志附设在主标志下面，不能单独使用。辅助标志对主标志补充说明车辆种类、时间起止、区间范围或距离和警告、禁令的理由等（见图 4.1-8）。

7）同一地点需要设置两种以上标志或者已设有交通标志的地点需新设标志时，可安装在一根标杆上，但不应超过四种，标志内容不应矛盾、重复，且应按警告、禁令、指示的顺序，先上后下，先左后右排列；同类标志设置顺序，应按提示信息的危险程度先重后轻排列。停车让行标志、减速让行标志、解除限速标志、解除禁止超车标志等应单独设置。辅助标志附设在被说明的主标志下缘，不能单独使用，只对该标志起说明作用。当需要两种以上内容对主标志进行说明时，可采用组合式，但组合的内容不应多于三种（见图 4.1-13、图 4.1-14）。

3. 交通标线

1）交通标线的设置应符合《道路交通标志和标线》（GB 5768-1999）规定。应根据道路设计、交通特性、交通组织、其他交通设施等情况，合理地利用道路有效面积，设置标线。确保线形流畅规则，符合车辆行驶轨迹要求，路段和路口标线的衔接应科学合理。

2）标线设置方式包括以下八类：纵向标线、横向标线、字符标记、导向箭头、其他形式标线、立面标记、轮廓标、突起路标。各种标线的设置要求详见附录C。

3）平面交叉路口标线

（1）根据平面交叉路口的形状、交通量、车行道宽度、转弯车辆的比率及交通组织等情况，合理设置

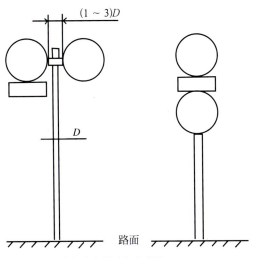

图 4.1-13 主标志与辅助标志并设

图 4.1-14 禁令与指路标志并设，且设有辅助标志

路口标线（包括车行道中心线、人行横道线、停止线、导向箭头、禁止变换车道线等）如图 4.1-15 所示。

（2）进口道应设置禁止变换车道线（见图 4.1-16），禁止变换车道线的长度应以等候信号放行车辆排队的平均长度为依据，也可按表 4.1-2 选取。

（3）进口道的车行道中心线、禁止变换车道线、机动车道边缘线等均应设置到停止线为止；出口道的车行道分界线和机动车道边缘线应设置到停止线的延长线为止；T 型路口无横向交叉道路的一侧，其车行道边缘线应连续设置。

4）港湾式停靠站标线。港湾式停靠标线由出入口标线和站位线组成，标线颜色为白色。当停靠站停靠二辆和二辆以上公交车，且停靠频繁、乘客量大时，应设置站位虚线如图 4.1-17 所示；其他情况下可设置站位实线或站位导流线，如图 4.1-18、4.1-19 所示。

港湾式停靠站位线有站位虚线、站位实线和站位导流线三种。站位虚线线宽、线段长，间隔与其出入口标线相同；站位实线的长度为公交停车位长度，一条公交线路为 2～3 倍公交车身长度，二条公交线路为 3～4 倍公交车身长度，最长不超过 100m，线宽为 45cm，站位导流线的线宽为 45cm，与车行道呈 45°；平行线间距为 100cm，外围为 45cm 的实线。如图 4.1-17～图 4.1-19 所示。

图 4.1-15 平面交叉路口标线设置

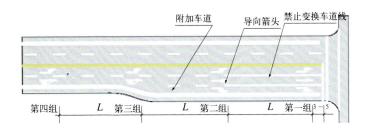

图 4.1-16 平面交叉路口导向箭头设置示例（单位：m）

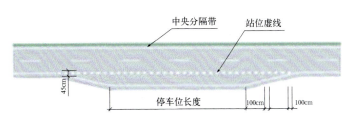

图 4.1-17 港湾式停靠站标线

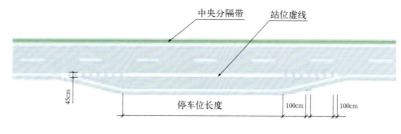

图 4.1-18　港湾式停靠站标线

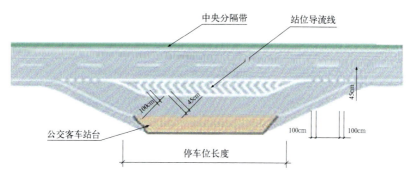

图 4.1-19　港湾式停靠站标线

禁止变换车道线长度（L）与箭头重复次数　　　　　表 4.1-2

计算行车速度（km/h）	≥60	<60
禁止变换车道线长度（m）	50~100	30~50
箭头重复次数	≥3	≥2

4.2　道路公用设施

道路公用设施为设置在道路上具有一定的实用功能，为城市生活服务的设施，包括废物箱、休憩设施、书报亭和信息栏、电话亭、消火栓、配电箱及公用管杆线、邮筒、广告牌等，宜布置在人行道设施带或分隔带中，见图 4.2-1。

各种设施的设置位置应满足使用要求，不得妨碍道路交通，不得遮挡交通信号、标志，并满足道路或交叉口的视距要求。

图 4.2-1　公用设施设置在设施带中

1. 废物箱

在道路两侧以及各类交通客运设施、公共设施、广场、社会停车场等的出入口附近应设置废物箱。废物箱宜设置在道路人行道的公用设施带中。

设置在道路两侧的废物箱，其间距按道路功能划分：商业、金融业街道：50~100m；主干路、次干路、有辅道的快速路：100~200m；支路、有人行道的快速路：200~400m。

废物箱一般选用金属、玻璃钢或新型塑料材质，具有一定的耐久性和经济性，外形应简洁美观，开口设计应能防止雨水进入并便于清理。具体形式可根据经济情况和道路环境选择。一条连续道路应使用同一种废物箱。

废物箱的设置应满足垃圾分类收集要求，并与分类处理方式相适应。城市中心区和窗口地区应采用分类废物箱，且有明显标识，见图4.2-2。

图4.2-2　分类废物箱

废物箱的容量应根据预计清除的次数而定，废物箱下面和周围的地面应做成密实的或采用混凝土的硬面层，而且它的周边宜高出周围地面以便于清扫。

2. 休憩设施

在景观路、步行街和休闲广场宜设置休憩设施，供行人休息、等候使用，主要有座椅、条凳、长廊、亭子等，见图4.2-3～图4.2-6。

休憩设施造型、色彩需结合环境确定。休憩设施可设置在人行道设施带上，间距根据人流量的大小确定。座椅形式应尽量简单。座椅材质要考虑容易清洁，便于维护，材质一般为木质、石材和金属等，表面应光洁、不积水，并具有较好的耐候性能。

座椅和条凳宜结合遮阳、防雨设置。

图4.2-3　休闲条凳　　　　　　　图4.2-4　休闲椅

图4.2-5 异形休闲凳

图4.2-6 方凳

3. 书报亭及信息栏

书报亭位置宜设置在公交站台附近，绿化带开口处以及拆迁后留出来的空地，应注意不得影响视距，书报亭见图4.2-7。

书报亭尺寸应严格控制，以不影响行人顺利通行为前提，宽度不得大于人行道宽度的一半，书报亭设置在路段上间距不宜太密。

信息栏有广告灯箱式（图4.2-8）和电子显示屏式（图4.2-9）。广告灯箱式一般为布告栏和阅报栏，便于行人驻足观看，宜设置在设施带或分隔带中。

图4.2-7 书报亭

图4.2-8 广告灯箱式信息栏

图4.2-9 电子显示屏式信息栏

4. 电话亭

电话亭是人们双向沟通的重要设施，其设计不仅显现一个城市的艺术、建设与文化水准，也显现都市生活的节奏和效率，同时也是城市景观的重要组成部分。

电话亭设置的地点要考虑使用便利，但不能影响行人的通行；在造型方面，要与周边环境协调，让使用者容易发现，又不至于过分抢眼；电话亭不要局限于单一造型，且要易于组装和维护管理，以降低维护成本及延长使用寿命；电话亭的设置应符合相关安全法规，并能够避免使用者因为错误的操作而受伤，也要经得起使用者的粗暴使用。

电话亭宜设置在道路人行道设施带上或在人行道外侧设置挂壁式公用电话，电话线应采用暗线布置，见图4.2-10。

图4.2-10 电话亭

5. 消火栓

消火栓宜设置在人行道设施带或绿化带内，也可结合周边建筑设置。条件允许时宜设置为地下式消火栓，标识明显，不得被其他物体遮挡。见图4.2-11、图4.2-12。

图4.2-11 消火栓设在机非分隔带内　　　　　图4.2-12 消火栓设在人行道外侧绿化带内

消火栓的布置应符合下列要求：
1）消火栓应沿道路设置，道路宽度超过60m时，宜在道路两边设置消火栓，并宜靠近交叉路口；
2）消火栓距路边不应超过2m，距房屋外墙不宜小于5m；
3）道路同侧消火栓的间距不应超过120m；
4）消火栓的数量应按室外消防用水量计算决定，每个室外消火栓的用水量应按10～15L/s计算；
5）地上式消火栓应有一个直径为150mm或100mm和两个直径为65mm的栓口；
6）地下式消火栓应有直径为100mm或65mm的栓口各一个，并有明显的标志。

6. 公用杆管线

杆管线布置应与道路总平面设计、竖向设计和绿化设计统筹考虑。管线之间、管线与建筑物之间在平面及竖向相互协调、紧凑合理。

各类管线的检查井宜设置在人行道、非机动车道和绿化带中，建议相同类别的管线检查井合并，条件允许时可设置公共管廊，节约地下空间。

地上杆线如灯杆与交通标志杆等，条件允许时可共杆，见图4.2-13、图4.2-14。

布置在道路范围内的电力配电箱、电信及交通信号控制箱宜设置在绿化带中，色彩与周边环境相协调，见图4.2-15、图4.2-16。杆管线施工应与道路施工同时进行，避免道路二次开挖。

图4.2-13 指路牌与信号灯共杆

图4.2-14 路灯杆、交通信号杆、交通标志杆不共杆

图4.2-15 配电箱设置在分隔带中

图4.2-16 交通信号控制箱设置在分隔带中

7. 邮筒

邮筒宜设置在小区或商业中心附近等不妨碍交通且便于投递的位置，具体应设置在人行道设施带，见图4.2-17。

8. 广告设施

广告设施的设置应遵循安全、科学、美观的原则，与城市功能、总体布局和环境相协调。宜设置在人行道设施带或绿化带内，不得遮挡交通信号和标志，不得影响车辆和行人通行，见图4.2-18～图4.2-21。

广告设施宜与道路工程统筹设计、同步施工。

图4.2-17 邮筒

图4.2-18 大型户外广告

图4.2-19 灯桥广告

4.2-20 广告牌设置在中央分隔带内

图4.2-21 广告牌设置在侧分带内

5 道路绿化

城市道路绿化是城市道路的重要组成部分，是城市景观风貌与城市形象的重要体现。道路绿化可以改善道路环境，形成城市绿色廊道，是建设生态城市的关键环节。

城市道路绿化主要功能是庇荫、滤尘、减小噪声，改善道路沿线的环境质量和美化城市景观。

5.1 规划与布局

1. 城市道路绿地率指标

根据《城市道路绿化规划与设计规范》（CJJ 75—97），园林景观路绿地率不得小于40%；红线宽度大于50m的道路绿地率不得小于30%；红线宽度在40～50m的道路绿地率不得小于25%；红线宽度小于40m的道路绿地率不得小于20%。

2. 城市道路绿化断面

城市道路绿化的断面布置形式常用的有：一板二带式、二板三带式、三板四带式、四板五带式。

1）一板二带式

在车行道两侧人行道上种植行道树（见图5.1-1～图5.1-3）。

优点：简单经济，用地合理，管理方便。

缺点：当车行道过宽时行道树的遮荫效果较差，不利于机动车辆与非机动车辆混合行驶时的交通管理。

2）二板三带式

分隔单向行驶的两条车行道，在中间设绿化带，并在道路两侧布置行道树，形成三条绿带（见图5.1-4、图5.1-5）。

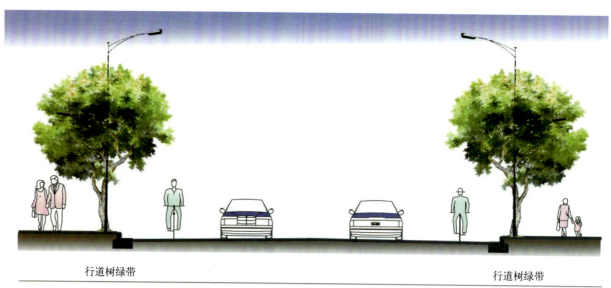

图5.1-1　一板二带示意图

图 5.1-2 一板二带实景图一

图 5.1-3 一板二带实景图二

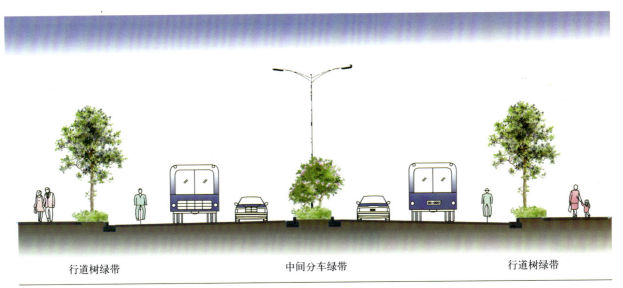
图 5.1-4 二板三带示意图

图 5.1-5 二板三带实景图

特点：适于宽阔道路，绿化数量较大，生态效益较显著，多用于高速公路和入城道路。

3）三板四带式

利用两条分隔带把车行道分成三块，中间为机动车道，两侧为非机动车道，连同车道两侧的行道树共为四条绿带（见图5.1-6～图5.1-9）。

特点：是城市道路绿化较理想的形式。其绿化量大，夏天庇荫效果较好，组织交通方便，安全可靠，解决了各种车辆混合互相干扰的矛盾。

4）四板五带式

利用三条分隔带将车道分为四条，并在两侧人行道栽植行道树，形成五条绿化带（见图5.1-10～图5.1-13）。

特点：便于各种车辆上行、下行互不干扰，利于限定车速和交通安全，常用于城市快速通道。

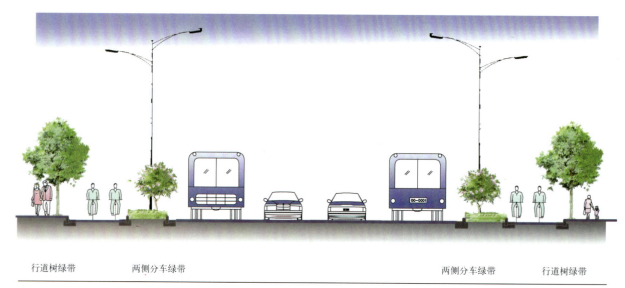

图5.1-6　三板四带示意图

图5.1-7　三板四带实景图一

道路绿化 061

图 5.1-8 三板四带实景图二

图 5.1-9 三板四带实景图三

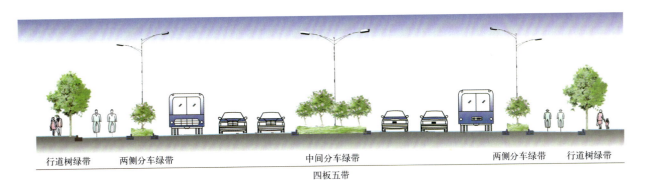
图 5.1-10 四板五带示意图

图 5.1-11 四板五带实景图一

图 5.1-12 四板五带实景图二

图 5.1-13 四板五带实景图三

3. 城市道路的绿化规划

对城市道路绿化的总体布局要求，已在城市绿地系统规划中明确，道路绿化规划是对城市道路网的主体（主干路、园林景观路）绿化进行整体景观特色规划；满足道路绿化的功能，营造城市风貌。道路绿带的植物配置既要考虑防眩减噪，不影响道路附属设施，又要考虑其空间层次、色彩搭配，以体现种植组合的群体节律美。同一条路应有较统一的树种选择与基本形式，道路全程较长，可以在形式上有所变化。

道路绿化带要结合环境，或形成不同特色，或展示自然风貌。

城市道路绿化带要求，种植乔木的分车绿带宽度不得小于1.5m；主干路上的分车绿带宽度不宜小于2.5m；行道树绿带宽度不得小于1.5m；主、次干路中间分车绿带和交通岛绿地不得布置成开放式绿地；路侧绿带宜与相临的道路红线外侧其他绿地相结合。

5.2 设计要点

1. 道路绿带

1）分车绿带：分隔车行道的绿化带，包括中分带绿化、侧分带绿化（见图5.2-1）。

（1）中分带绿化：道路正中分隔往来机动车辆的绿化带（见图5.2-2～图5.2-4）。

中分带绿化，能有效阻挡对面车辆眩光；通过植物搭配组织植物景观。中分绿带中防眩植物的高度控制在距道路地面1.1～1.5m之间的范围内。

中分绿带宽度大于或等于1.5m的中分绿带，可栽植乔木，采用乔、灌、草复层式栽植（见图5.2-5～图5.2-9）。

图5.2-1　分车带实景图

图5.2-2　中分带实景图一

图 5.2-3 中分带实景图二

图 5.2-4 中分带绿篱高度

图 5.2-5 中分带配置图一

图 5.2-6 中分带配置图二

图 5.2-7 中分带配置图三

图 5.2-8 中分带配置图四

图5.2-9 中分带配置图五

图5.2-10 规则式配置

中分绿带植物分为规则式配置（见图5.2-10）、自然式配置（见图5.2-11）、混合式配置。植物配置要求层次清楚简洁，色彩亮丽常青。

被人行横道或道路出入口断开的中分绿带，端部应采用通透式配置（见图5.2-12～图5.2-14）。

图5.2-11 自然式配置

图5.2-12 配置示意图一

图5.2-13 配置示意图二

图5.2-14 配置示意图三

（2）侧分带绿化：两侧分车绿带。沿道路轴线对称分布于其两侧，绿化带位于机动车道与非机动车道之间或同方向机动车道之间（见图5.2-15）。

侧分绿带能够较好地发挥绿化的隔离防护作用，同时能够衬托中分绿带，增加道路绿化的横向层次。

侧分带宽度小于1.5m，应以灌木为主，并宜灌木、地被植物相结合（见图5.2-16、图5.2-17）。

侧分带宽度大于或等于1.5m，可以种植乔木，采用复层式栽植（见图5.2-18、图5.2-19）。

图5.2-15 侧分带示意图

图5.2-16 侧分带实景图一

图5.2-17 侧分带实景图二

侧分带绿化根据不同的环境采用不同的形式：隔声防尘的侧分带见图 5.2-20，疏朗通透的侧分带见图 5.2-21。

被人行横道或道路出入口断开的侧分绿带，其端部应采用通透式配置（见图 5.2-22～图 5.2-24）

2）行道树绿带：布设在人行道上，使其与车行道分隔开，以种植行道树为主的树池（树穴）带。主要是为行人和非机动车庇荫（见图 5.2-25）。

图 5.2-18　侧分带实景图三

图 5.2-19　侧分带实景图四

图 5.2-20　隔声防尘的侧分带

图 5.2-21　疏朗通透的侧分带

图 5.2-22 中间通道两侧的植物配置

图 5.2-23 侧分带端部的植物配置

图 5.2-24 侧分带端部的植物配置

图 5.2-25 行道树

预留行道树树池的内径不应小于 1m×1m。树池应加以覆盖，常用的覆盖材料有：地被植物、箅子、卵石、陶粒、碎树皮等。

树池形式见图 5.2-26～图 5.2-30。

行人相对较少的地段，以行道树为主，并与灌木、地被植物相结合，形成连续绿带（见图 5.2-31～图 5.2-34）。

3）路侧绿带：指在道路侧方，布设在人行道外边缘至道路红线之间的绿化。

应根据相邻用地性质，如防护、分隔和行人滞留的特点进行设计，并保持路段景观效果的连续与完整。

路侧防护绿带见图 5.2-35。

路侧垂直绿化见图 5.2-36，如道路外侧栏杆围墙等绿化。

路侧绿带宽度大于 8m 时，可设计成开放式绿地（见图 5.2-37、图 5.2-38）。

路侧绿带复层式栽植方式见图 5.2-39、图 5.2-40。

图 5.2-26 树池形式一

图 5.2-27 树池形式二

图 5.2-28 树池形式三

图 5.2-29 树池形式四

图 5.2-30 树池形式五

图 5.2-31 连续绿带实景一

图 5.2-32　连续绿带实景二

图 5.2-33　连续绿带实景三

图 5.2-34　连续绿带实景四

图 5.2-35　路侧防护绿带

图 5.2-36　路侧垂直绿化

图 5.2-37　路侧开放式绿地一

图 5.2-38　路侧开放式绿地二　　　　　　　　　　　　　　　图 5.2-39　路侧绿带乔、灌、草的配置

2. 交通岛

可绿化的交通岛用地，包括中心岛与导向岛的绿化（见图 5.2-40）。交通岛周边的植物配置宜增强导向作用，在行车视距范围内应采用通透式配置。

1）交通中心绿岛：位于交叉路口上可绿化的中心岛用地（见图 5.2-41、图 5.2-42）。

2）导向绿岛：位于交叉路口上可绿化的导向岛用地（见图 5.2-43～图 5.2-46）。

在保持视线通透的情况下，导向岛绿化对提升道路节点绿化起到关键作用，可种植乔木，采用复层式种植，布置成绿化景点。

图 5.2-40　交通岛

图 5.2-41 交通中心绿岛一

图 5.2-42 交通中心绿岛二

图 5.2-43 导向绿岛一

图 5.2-44 导向绿岛二

图 5.2-45 导向绿岛三

图 5.2-46 导向绿岛四

3. 红线外对道路有影响的绿化景观

道路红线外的绿地的设计既要与道路景观相协调，又要满足不同功能需求。

1）路边的开放式绿地：广场（见图 5.2-47）、游园（见图 5.2-48）。

开放式绿地中绿化用地面积不得小于总面积的 70%，方便行人游览休息，体现城市绿地在营造城市景观中的作用（见图 5.2-49）。

2）非开放式绿地：行人不可进入，是具有遮挡、防护作用的绿地（见图 5.2-50、图 5.2-51）。

图 5.2-47 广场

图 5.2-48 游园

图 5.2-49 开放式绿地实景

图 5.2-50 非开放式绿地一

图 5.2-51 非开放式绿地二

3）停车场绿地

停车场周边宜设置隔离防护绿带，种植大乔木；在停车场内宜结合停车间隔带种植高大庇荫乔木（见图 5.2-52、图 5.2-53）。要避免无遮荫停车场（其树枝下高度应符合停车位净高度的规定：小型汽车 2.5m，中型汽车 3.5m，载货汽车 4.5m）。

停车场的嵌草形式见图 5.2-54、图 5.2-55。

图 5.2-52　停车场周边种植大乔木

图 5.2-53　停车场内结合停车间隔带种植高大庇荫乔木

图 5.2-54　停车场嵌草形式一

图 5.2-55　停车场嵌草形式二

4. 城市立体交通绿化

高架道（桥）绿化包括桥上与桥下两部分。规划要注意安全因素，设计要注意桥下的光照时间。应在高桥设计时，在桥边栏杆外预留栽植槽及滴灌设备，不用附加外挂栽植槽，避免安全隐患。桥下宜种植耐阴地被植物；墙面、桥柱宜进行垂直绿化（见图 5.2-56～图 5.2-59）。

图 5.2-56　桥上栏杆外栽植槽绿化

图 5.2-57 桥柱垂直绿化

图 5.2-58 桥墩绿化

图 5.2-59 桥下绿化

5.3 植物选择

　　道路绿化应根据江苏省各地区气候、地理、环境保护特点选择适应道路环境条件、生长稳定、观赏价值高和环境效益好的植物种类。行道树应选择深根性、分枝点高、冠大荫浓、生长健壮、适合城市道路环境条件，且落果对行人不会造成危害的树种。花灌木应选择花繁叶茂、花期长、生长健壮和便于管理的种类。绿篱植物和观叶灌木应选择萌芽力强、枝繁叶茂、耐修剪的树种。地被植物应选择茎叶茂密、生长势强、病虫害少和易管理的木本或草本观叶、观花植物。其中草坪地被植物尚应选择萌蘖力强、覆盖率高、耐修剪和绿色期长的种类。

　　绿化树种的选择要符合"植物配置的多样性"、"适地适树"的原则。

　　植物选择的多样性，可以用不同种类植物、不同层次植物、可以构建不同生态功能的植物群落，更好地发挥植物群落的景观效果和生态效果，形成丰富多彩的群落景观。

　　"适地适树"考虑的是植物生长的地域性，城市道路绿化中应选择优良乡土树种为骨干树种，积极引入易于栽培的新品种，驯化观赏价值较高的野生物种，是形成特色鲜明的绿化效果、景观多样化的基础。

　　附：江苏省城市道路绿化乔灌木品种

1. 道路常见绿化乔木树种

　　常绿：雪松、高杆女贞、广玉兰、深山含笑、香樟、枸橘等。

　　落叶：银杏、榉树、榆树、杨树类、柳树类、朴树、鹅掌楸、枫杨、悬铃木、槐树、本槐、合欢、水杉、枫香、香椿、臭椿、重阳木、楝树、七叶树、栾树、无患子、喜树、白蜡树、泡桐、楸树、梓树、杜仲、乌桕、黄连木等。

2. 道路常见绿化小乔木与灌木品种

常绿：石楠、杨梅、罗汉松、蜀桧、龙柏、枇杷、夹竹桃、山茶、油茶、茶梅、杜鹃、栀子、枸骨、窄叶十大功劳、金边卫矛、银边卫矛、龟甲冬青、南天竹、蚊母、胡颓子、火棘、竹类。

落叶：梅、丁香、琼花、金缕梅、蜡瓣花、荚迷、紫薇、紫荆、木槿、鸡爪槭、红枫、紫叶李、紫玉兰、含笑、垂枝碧桃、樱花、垂丝海棠、西府海棠、腊梅、木芙蓉、珍珠绣线菊、结香、迎春、贴梗海棠、棣棠、红花檵木、石榴、无花果、木瓜、山楂、麻叶绣球、牡丹、玫瑰、探春、溲疏、八仙花、金丝梅、六月雪、金丝桃、月季、山麻杆、卫矛、红瑞木、金叶女贞等。

3. 道路常见绿化藤本品种

木通、木香、紫藤、忍冬（金银花）、凌霄、蔓长春花、地锦（爬墙虎）、扶芳藤等。

4. 道路常见地被品种

诸葛菜（二月兰）、丛生、白芨、黄菖蒲、石菖蒲、鸢尾、美女樱、天竺葵、垂盆草、酢浆草、萱草、菖蒲、费菜、石蒜、射干、玉簪、玉竹、秋牡丹、鱼腥草、平枝旬子、白三叶、虎舌红、长春藤、月季、长鬘蓼、杜鹃、龟叶冬青、菲白竹、菲金竹、箬竹、麦冬、结缕草、马尼拉草（沟叶结缕草）、黑麦茸。

5.4 道路绿化建设管理要点

1. 土壤处理

对土壤要做到"三理"，即土层清理、填土处理、表土整理，土壤的性质对植物栽植后的成活与后期生长起重要作用，道路绿化带的土壤往往受道路基础施工的影响，含有杂质甚至偏碱性，常常是造成植物生长不良甚至死亡的主要原因，所以绿化施工过程中，要土层清理，清除土层内各种杂物、石块、混凝土块等；要对土壤处理，测定其酸碱度，对不良土质采取置换或根据种植土状况添加肥料（如有机复合肥）改变土壤；要对地表处理，对土表层适当夯实整平，注意控制覆土高度。

2. 树池

树池是道路绿化的基本元素，树池深度、大小、形式以及与其他构筑物的配合都会影响到植物的生长与景观的效果。树池要满足大乔木生长的基本要求，深度不小于80cm，树池内径不得小于1m，树池高度一般宜与行道铺装面相平，以便行人不被干扰，同时充分利用雨水浇灌树木。要避免树池与地下管线的干扰，如果避让不掉，可采用调整位置或提高树池的方法处理。树池可以和座凳、灯光、电话亭、广告牌等设施有机结合，但要充分考虑到人的使用功能，如树池和座凳结合时，既要考虑座凳的方向，能有效地遮挡日晒，又要考虑绿化养护管理的方便，用座凳围死树池和花坛的方式不利于养管。要避免大树小树池（树池内径小于0.8m）的情况，树池表面要做通透式的覆盖处理，树池内除对土壤处理外，还可在栽植过程中盘入透水管，增加土壤透水透气性能，既提高成活率，又降低用水量。

3. 绿化与地下管线

在道路规划时应统一考虑各种敷设管线与绿化树木的位置关系，通过留出合理的用地或采用各种管道同沟的方式，让出乔木带，埋深超过灌木深度，以解决管线与绿化树木的矛盾。

树木与管线的最小距离：树木与架空管线的水平与垂直距离：380V以下，大于1m；1万V以上，大于3m。

树木与地下管线的最小距离：将树木和地下管线外缘最小距离定义为树木根茎（土球）的半径距离。

这样可以通过管线的合理深埋，充分利用地下空间。一般大中乔木土球半径大于0.8m。

其中电力、电信杆柱距乔木中心最小距离1.5m。

乔灌木与其他设施的距离见《江苏省城市园林绿化植物种植技术规定（试行）》第2.0.5条。

例如，由于管线占据行道树栽植位置造成行道树无法栽植或栽植后生长不良（见图5.4-1、图5.4-2）。

图 5.4-1　行道树无法栽植一

图 5.4-2　行道树无法栽植二

4. 绿化与安全附属设施的关系

绿化与部分安全附属设施的距离如下（见《江苏省城市园林绿化植物种植技术规定（试行）》）：

(a) 电线电压在380 V以下的，树枝至电线的水平距离及垂直距离均不小于1m；

(b) 电线电压在3300～10000V，树枝至电线的水平距离及垂直距离均不小于3m。

(c) 公路铺筑面外侧，距乔木中心不小于0.8m，距灌木边缘不小于2m；

(d) 道路侧石线边侧，距乔木中心不小于0.7～0.95m，不宜种灌木；

(e) 高2m以下围墙及挡土墙，距乔木中心不小于1m，距灌木边缘不小于0.5m；

(f) 高2m以上围墙，距乔木中心不小于2m，距灌木边缘不小于0.5m；

(g) 建筑物外墙无门、窗，距乔木中心不小于2m，距灌木边缘不小于0.5m；

(h) 建筑物外墙有门、窗，距乔木中心不小于4m，距灌木边缘不小于0.5m；

(i) 电力电信杆，距乔木中心不小于2m，距灌木边缘不小于0.75m；

(j) 电力电信拉杆，距乔木中心不小于1.5m，距灌木边缘不小于0.75m；

(k) 路旁变压器外缘、交通灯柱、警亭，距乔木中心不小于3m，不宜种灌木；

(l) 路牌、消防龙头、交通指示牌、站牌、邮筒，距乔木中心不小于1.5m，不宜种灌木；

(m) 天桥边缘，距乔木中心不小于3m，不宜种灌木。

1) 行道树与交通标志要注意互相避让，应保证在50～100m的范围内能看清标志牌，对弯道口、T字入口、导向入口等处若因枝叶影响到视线的畅通，要及时修剪。

2) 消防龙头与乔木要保持1.5m的距离；路旁变压器、交通灯柱与乔木要保持3m的距离外，还要考虑到设备的使用、检修与更换。

3) 供行人使用的安全附属设施（广告箱、信息栏、站牌、邮筒、警亭、报亭）周围的绿化，要简洁明了，便于识别，并在迎面留出铺地，便于人停留。

4) 公交车站台处：公交车站台在考虑防雷电的基础上，应与落叶行道树结合，以便冬有阳光、夏有浓荫（见图5.4-3）。

图 5.4-3　缺少大树的公交车站台

5. 抓好道路绿化施工与养护的关键环节

施工与养护都需要认真做好每一个环节，抓实、抓细、抓具体。

1）施工时，绿岛绿带的基槽深度应满足栽植需要，防止因过浅、提高表土高度、浇水后引起泥浆外溢。

2）施工时应避免苗木栽植株行距过小，尤其是灌木色块的栽植，过密虽然前期一时好看，但不利于苗木生长，易发病虫害，影响后期景观效果。

3）养管期间，要控制苗木的高度与密度，要及时适时对绿篱及树木修剪，及时清除杂草，对苗木的密度予以关注，要及时进行疏理与移栽。

绿篱修剪差，杂草丛生，景观效果差（见图 5.4-4～图 5.4-8）。

图 5.4-4　绿篱修剪差

图 5.4-5 绿篱修剪差

图 5.4-6 绿篱修剪差

图 5.4-7 绿篱杂草丛生

图 5.4-8 绿篱杂草丛生

6. 注意反季节绿化施工

一般绿化植物的栽种时间，都在春季和秋季。不提倡反季节绿化施工，反季节栽植不利于植物成活，还加大了养管成本。有一些项目，遇到在非栽植季节内进行绿化施工，需把握好栽植和养管的各个环节。

1）苗木选择

（1）选移植过的树木；

（2）采用假植的苗木；

（3）适当扩大土球直径，选土球最好的苗木；

（4）选用盆栽苗木下地栽种；

（5）尽量使用小苗。

2）运输：在运输过程中要避免风吹日晒，运到现场上，及时修剪栽植。

3）修剪整形

（1）裸根苗木修剪

栽植之前，应对根部进行整理，剪掉断根、枯根、烂根、短截无细根的主根，还应对树冠进行修剪，一般要剪掉全部枝叶的1/3～1/2。

（2）带土球苗木的修剪

带土球的苗木不用进行根部修剪，只对树冠修剪即可，修剪时可连枝带叶剪掉树冠的1/3～1/2。

4）栽植技术处理

（1）栽植时间确定

经过修剪的树木应马上栽植。

（2）栽植

种植穴要按一般的技术规程挖掘，穴底要施基肥并铺设细土垫层，种植土应疏松肥沃。把树苗根部的包扎物除去，在种植穴内将树苗立正栽好，填土后稍稍向上提一提，再插实土壤并继续填土至穴顶。

（3）灌水

苗木栽植好后要立即灌水，为了提高定植成活率，可在所浇灌的水中加入生长素，刺激新根生长。生长素一般采用萘乙酸，先用少量酒精将粉状的萘乙酸溶解，然后掺进清水，配成浇灌液，作为第一次定根水进行浇灌。

（4）苗木管理与养护

由于是在不适宜的季节栽树，因此，苗木栽好后就更要加强养护管理。平时，要注意浇水，浇水要掌握"不干不浇，浇则浇透"的原则；还要经常对地面和树苗叶面喷洒清水，增加空气湿度，降低植物蒸腾作用。在炎热的夏天，应对树苗进行遮荫，避免强光直射。在寒冷的冬季，则应采取地面盖草、树侧设立风障、树冠用薄膜遮盖等方法，来保持土温和防止寒害。

6 部分城市工程实例分析

6.1 南京市长江路改造工程

与南京市新街口商贸中心毗邻的长江路，全长约 2km，是位于主城区东西向的一条次干道，根据南京城市总体规划，长江路定位为"文化街"。

一个多世纪以来，长江路因中国近现代史上许多重大事件而蜚声海内外。最著名的有：1853 年太平天国洪秀全定都南京在长江路设立天王府（天朝宫殿），1912 年孙中山在南京长江路原两江总督署暖阁宣誓就任中华民国临时大总统，1946 年周恩来率中共代表团在长江路梅园新村设立办事处进行和平停战谈判。

历经百年沧桑的长江路，在南京市加快发展的步伐中，被列入老城改造的重中之重。根据南京城市总体规划，长江路定位为民国文化一条街，在城市改造中着力保护、发掘历史文脉，并投入巨资修复、新建了一批文化景观，主要有总统府、两江总督署、梅园新村、人民大会堂（国民大会堂）、江苏美术馆（国立美术馆）、毗卢寺、文化艺术中心、金陵图书馆、南京图书馆新馆等（见图 6.1-1 ～图 6.1-9）。正在建设的还有江宁织造府、曹雪芹故居、南京云锦艺术博物馆、江苏省美术馆新馆等。长江路以其独特、深厚的历史文化风采，赢得中外游人赞誉。

长江路有着深厚的历史文化底蕴和较高的知名度，但自 20 世纪 30 年代拓路以来，周边环境几乎没有大的变化，众多历史文化景点被危旧房屋和沿街商铺遮挡，道路狭窄、交通拥挤，严重影响了这一地区文化旅游资源的开发利用。

为更好地展示长江路风采，进一步弘扬古都文化特色，营造优良人居环境。南京市政府于 2003 年实施了长江路道路拓宽改造和环境整治工程（见图 6.1-1 ～图 6.1-9）。

图 6.1-1 长江路改造后一景

图 6.1-2 梅园新村纪念馆

图 6.1-3 总统府

图 6.1-4 南京图书馆

图 6.1-5 江苏美术馆

图 6.1-6 人民大会堂

图 6.1-7　民国建筑群中的 1912 休闲街区

图 6.1-8　民国建筑群中的 1912 休闲街区

图 6.1-9　街头即景

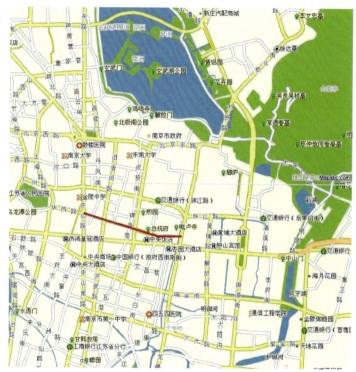
图 6.1-10　长江路地理位置

1．地理位置

长江路位于南京市主城中心区，西起南北向中轴线中山路，东至内秦淮河，沿线交叉的主要道路有中山路、洪武北路、太平北路、汉府街等，规划将在内秦淮河上建桥使长江路接上内环快速路东线龙蟠中路，全长约 2km（见图 6.1-10）。

2．改造前状况

中山路至碑亭巷段路幅宽度为 28m：5m 人行道 +18m 机非混行车道 +5m 人行道（见图 6.1-11）。
碑亭巷至汉府街段路幅宽度为 31m：5m 人行道 +21m 机非混行车道 +5m 人行道（见图 6.1-12）。
汉府街至毗卢寺段路幅宽度为 12m：2.5m 人行道 +7m 机非混行车道 +2.5m 人行道（见图 6.1-13）。

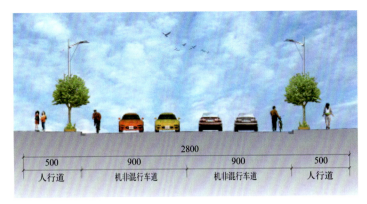

图 6.1-11　28m 路幅道路标准横断面（单位：cm）

图 6.1-12　31m 路幅道路标准横断面（单位：cm）

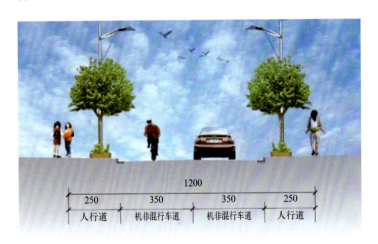

图 6.1-13　12m 路幅道路标准横断面（单位：cm）

存在问题如下：

1）路面结构强度不够

长江路历史悠久，民国时期便已经存在，老路车行道原为弹石路面，未对基层进行处理，解放后每次改建也仅为罩面处理，并未彻底地对基层薄弱的问题进行处理，道路路面结构的基层强度明显不足，车行道普遍存在着龟裂、网裂、下沉等病害。

2）通行能力不足

由于车行道为机动车与非机动车混行，随着交通量的不断增长，道路通行能力渐显不足，交通拥堵、混乱现象时常发生。

3）环境景观欠佳

沿街多处房屋破旧，缺少维护；人行道上电杆林立，线如蛛网；设施不全，绿化不足。

3. 改造设计

1）建设原则

（1）延续历史文脉，凸显文化特色，总体设计满足规划的功能要求；

（2）道路本体的有效性，道路平面、纵断面和横断面设计合理协调；

（3）道路与周边的景观环境相协调，做到功能性与景观性的统一。

2）工程内容

（1）道路拓宽改造（原机动车道的改造，非机动车道与人行道的拓宽，增加结构层）；

（2）杆线下地敷设（强弱电下地）；

（3）排水系统改建（新增设污水管，雨污分流）；

（4）更新路灯照明（更新与增设路灯）；

（5）整合附属设施（合理布置各类设施、城市家具等）；

（6）提升道路景观（绿化、文化艺术雕塑长廊等）。

3）设计要点

（1）道路横断面布置

道路红线拓宽至37～43m，横断面设计在满足功能要求的前提下，注重道路的景观效果。原车行道改造成机动车道，采用双向六车道布置，以满足机动车通行的需求（见图6.1-14）。

原道路人行道上的行道树为法国梧桐，生长年代长，遮荫效果好，因此全部保留，设置成绿化带。

非机动车道和人行道采用共板方式布置，用不同的铺装予以区分（见图6.1-15）。

图6.1-14 长江路六车道

图6.1-15 非机动车道与人行道共板布置

(2) 道路铺装

机动车道采用沥青路面，为提高沥青路面抗裂、抗推挤性能，延长路面使用寿命，上面层采用SBS改性沥青混凝土，并掺加抗裂聚酯纤维（见图6.1-16）。

非机动车道与人行道共板，非机动车道采用彩色沥青混凝土，见图6.1-17～图6.1-24。

图6.1-16 沥青混凝土路面

图6.1-17 彩色沥青混凝土路面

图6.1-18 非机动车道与人行道共板

图6.1-19 人行道采用花岗石铺面

图6.1-20 人行道检查井盖材质同人行道

图6.1-21 盲道在检查井盖处连续布置

图 6.1-22 盲道顺直连续，无障碍物阻隔

图 6.1-23 太平北路至汉府街段采用花岗石材质路缘石

图 6.1-24 汉府街至梅园新村段采用石材路缘石

4．道路附属设施整合

改造工程中本着统一规划、统一制作、统一安装的原则，合理整合道路附属设施，新建了一批书报亭、电话亭、公交（出租车）候车亭、废物箱、指路牌、座椅、邮筒、护栏等设施，设施简约美观，使用方便。

1）护栏（见图 6.1-25、图 6.1-26）

图 6.1-25 护栏（一）

图 6.1-26 护栏（二）

2）公交、出租停靠站（见图 6.1-27、图 6.1-28）

3）路灯（见图 6.1-29）。

4）指路牌

指路牌方向性强，一目了然，见图 6.1-30、图 6.1-31。

5）垃圾桶（见图 6.1-32、图 6.1-33）。

6）休憩设施

结合文化墙设置座椅，与环境协调，见图 6.1-34、图 6.1-35。

7）电话亭（见图 6.1-36）。

图 6.1-27　候车亭简洁实用，来车一面设成透明玻璃，便于观察

图 6.1-28　停靠站采用有别于非机动车道的硬质铺装，有条件的地方设置休憩设施

图 6.1-29　样式别致的路灯

图 6.1-30　指示旅游景点的指路牌

图 6.1-31　一般指路牌

图 6.1-32　分类垃圾桶

图 6.1-33　金属垃圾桶分类收集垃圾

图 6.1-34　休息长椅

图 6.1-35　结合文化墙设置的休息长凳

图 6.1-36　电话亭便利醒目

5. 景观工程

在两排行道树的位置设置了各 2m 宽的绿化分隔带，并配以低矮的灌木形成绿篱，代替护栏阻隔行人随意横穿马路，人行道上设置木制树池种植观赏植物。结合改造工程拆迁出的街边空地新建了多块绿地，提高了长江路的整体绿化水平（见图 6.1-37）。

位于交叉口旁的街边绿地，开阔的视线、合理的布局，给人以美的感受，同时体现了城市风貌（见图 6.1-38）。

临近居民区街边绿地可以用于居民休憩、锻炼，见图 6.1-39、图 6.1-40。

长江路新建的文化艺术长廊，是吸引游人的一大热点。由文化墙、人物雕塑、石刻浮雕、书法艺术、建筑小品组成的文化艺术长廊，长达 500m，生动展示了近百年南京的历史文化长卷。以栩栩如生的人物雕像表现的"首开女禁"，反映了南京高等师范学校 1920 年首次在国内招收女生，勇开中国教育改革先河的史实；浮雕"桨声灯影秦淮河"，以生动的图像和美丽的文字，展现了秦淮文化的独特意境；荟萃齐白石、刘海粟、吴昌硕等名家的印章浮雕，更是别具一格，引人入胜。而极富创意的"城墙与门钉"、"南京古城文字符号"等建筑小品，则巧妙地将历史文化与现代风格融为一体，别有一番意味。见图 6.1-41～图 6.1-44。

图 6.1-37 行道树和绿化分隔带

图 6.1-38 街心花园

图 6.1-39 布置健身设施的路边绿地

图 6.1-40 人行道上木制树池

图 6.1-41　长江路文化墙一景

图 6.1-42　用雕刻的方式讲述长江路历史，在行走的过程中感悟南京过往

图 6.1-43　人物雕塑将历史上的一个瞬间凝成永恒

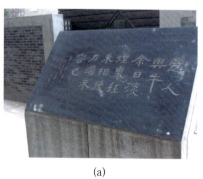

(a)

(b)

(c)

图 6.1-44　名家的印章浮雕充分提升道路文化内涵

6.2 南京市江东路改造工程

1. 地理位置

江东路位于南京市河西地区，为一条南北方向的主干路，是该地区南北向的重要道路。北起秦淮河的三汊河大桥，南至绕城公路，全长 9.8km，道路红线宽度 80m。地理位置图见图 6.2-1。

图 6.2-1 江东路地理位置图

2. 改造前江东路状况

1）横断面布置

改造前的江东路机动车道为双向十车道，道路红线宽度为 80m，道路横断面布置见图 6.2-2。

2）相交道路情况

江东路沿线共与 28 条道路相交，其中 14 条为已建道路，14 条为规划道路。

3）存在问题及分析

（1）交叉口未进行渠化设计

交叉口未进行渠化设计，没有有效利用交叉口空间资源，使得道路虽宽阔，但在交叉口瞬间疏散

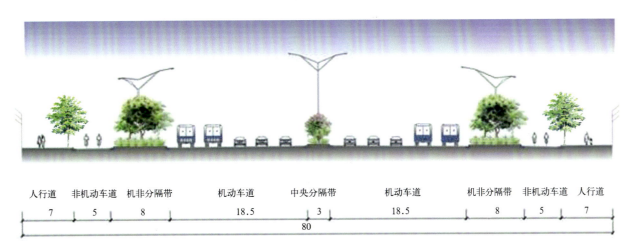

图 6.2-2 改造前江东路横断面布置图（单位：m）

交通能力较低，降低了交叉口的通行能力，在高峰时段车辆经常要2个信号灯周期才能够通过，见图6.2-3。

（2）隐形交叉口多

机非分隔带开口较多，造成隐形交叉口过多，既影响正常行驶车辆车速，又给行人穿行提供了条件，加上行人交通安全意识淡薄，过马路不走人行横道，从隐形交叉口处穿行（有时行人流量大于斑马线上的行人流量），在公交站点附近尤其严重，易造成交通事故，见图6.2-4。

（3）行人过街不便

由于道路宽度80m，且缺少安全岛设施，行人无法在一个信号周期内过街，造成行人过街困难并影响机动车通行，易引发交通事故。见图6.2-5。

（4）公交港湾站设置在主线上且长度不足

公交站点设置在主线上，相互干扰较大，公交停靠站附近交通混乱，事故频发，见图6.2-6。

（5）交叉口非机动车与机动车交通干扰严重

交叉口非机动车与机动车交通干扰较为严重，其通行能力受到很大制约，见图6.2-7。

（6）非机动车道及人行道被侵占，严重影响交通

江东路北段的西侧多为大型仓储和商品销售场所，车辆进出秩序混乱，常常机动车占用非机动车道路行驶、转向和停车，见图6.2-8。

图6.2-3 交叉口未进行渠化设计降低了交叉口的通行能力

图6.2-4 隐形交叉口多易造成交通事故

图6.2-5 路幅宽，缺少安全岛设施，行人过街困难

图6.2-6 公交站点设置在主线上，行车干扰大

图 6.2-7　交叉口非机动车与机动车交通干扰较为严重，通行能力受到制约　　图 6.2-8　非机动车道及人行道被侵占，严重影响交通

3. 改造的必要性

江东路作为河西地区的中轴线，是通往第十届全运会主会场奥体中心的主通道，其交通和景观都需要上一个新台阶；同时江东路的改造是河西新城区城市良性开发和发展的需要；也是提高江东路道路通行能力、公交服务水平及行人过街安全，降低交通事故的必要措施；对提高河西新城区的环境起到重要作用。

4. 改造原则

1）对现状道路进行改造整合，尽可能利用原设施
（1）地下管线位置基本不动，局部改造；
（2）维持江东路全线两侧的机动车道边线距离 40m 不变；
（3）结合道路交通流量和发展需要，提高道路设计标准。
2）道路断面进行优化设计
（1）主线机动车交通满足双向八车道的容量要求，交叉口充分渠化；
（2）两侧设置 7.5m 宽的辅道供公共交通、出租车交通和进出街坊社会车辆通行；
（3）路段自行车与行人交通合并，通过绿化分离通行空间，通过材质和颜色进行美化。
3）交叉口处理原则
（1）路段出入口的交通渠化设计；
（2）行人过街考虑二次过街的中央等待区（安全岛）；
（3）结合交叉口设计行人过街通道方式。
4）合理布置公交
（1）辅道上设置公交专用道；
（2）公交停靠站采用港湾式停靠站及结合交叉口出口渠化两种形式。

5. 横断面布置

1）中央分隔带

为了提升道路整体景观效果，路段上设置 8m 宽中央绿化分隔带。较宽的分隔带既美化了道路环境，又提供了足够的空间保证人流过街的安全。

2）机动车道

江东路为城市主干路，设计速度为 60km/h，全线两侧的机动车道边线距离为 40m。根据通行能力分析，路段主线机动车道采用双向八车道是比较合理的，车道均采用大车 3.75m 的标准，行车舒适度高，且能适应未来大车交通的增长，机动车道宽度为单向 16m。既平衡了通行能力瓶颈在交叉口的矛盾，又增加了中

央分隔带的绿化面积。

3）辅道

江东路改造通过设置辅道的形式来解决公交车辆和出租车的停靠对路段产生的影响，有利于对车辆管理，减少它们对主线车流的影响；同时设计公交专用道来满足公交车辆的停靠，避免行人由于候车对非机动车道产生干扰。

辅道供公交、出租车和沿线进出车辆行驶，设计速度为40km/h，两车道宽度为7.5m，机非分隔带设计为4.5m。

4）非机动车道

考虑到河西新城区交通发展以轨道交通、公交及社会车辆为主，非机动车流量相对较小，非机动车交通将主要用于短途代步的交通工具和健身工具，因此非机动车道设置在与人行道同一断面内，宽为8m，其中非机动车道宽度采用3.5m，人行道宽度采用3m，非机动车道和辅道之间绿化带宽度1.5m。

5）道路红线宽度

在保证江东路交通功能的同时，调整横断面布置，采用80m红线宽度。断面分配见图6.2-9。

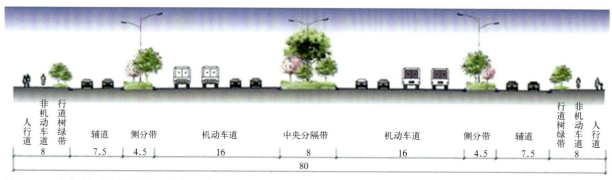

图6.2-9 改造后江东路横断面图（单位：m）

6. 江东路改造工程设计特点

1）交通组织设计

（1）江东路全线交通整合优化

江东路改造根据原主线双向十车道交通能力过剩而交叉口通行能力较低的情况，维持机动车道边线距离40m不变，使主线车道调整至双向八车道，中央分隔带由原来的3.5m调整成8m宽。

改造后的江东路见图6.2-10。

图6.2-10 改造后的江东路

为提高江东路的通行能力，对江东路交叉口进行充分渠化，进口车道增加至9～10条，出口车道与进口车道相平衡，使交叉口的容量达到最大化，将交叉口的通行能力尽量与路段相匹配（见图6.2-11、图6.2-12）。

图6.2-11　改造后的交叉口设置渠化岛渠化　　　　图6.2-12　改造后交叉口充分渠化，提高通行能力

江东路在辅道内侧设置公交专用道，公交站设置更趋合理，体现了公交优先原则，同时也保证了主线交通畅通。为提高道路通行能力，与沿线交叉口实行右进右出，形成公交和沿线机动车出入交通的辅道系统（见图6.2-13）。

设置出租车及公交车专用道，减少对主线车辆的影响，提高主线车辆行驶速度。

根据江东路非机动车流量不大的现状，将非机动车道与人行道合并形成人非共板断面（见图6.2-14）。改造后的非机动车道、人行道与机动车道隔离，机动车与非机动车各行其道。

(2) 交叉口渠化和景观相协调

交叉口结合周围旧城改造和交叉口渠化设计，增设绿化景观岛，使交叉口结合周围建筑景观设计，形成良好的城市景观效果，见图6.2-15～图6.2-17。

改造后主要交叉口设置右转导流岛，减少右转车辆排队时间，交叉口行驶更安全。导流岛范围增加绿化面积。

图6.2-13　设置公交专用车道，减少对主线车辆的影响　　　　图6.2-14　机动车与非机动车各行其道

图6.2-15 设置右转导流岛

图6.2-16 减少右转车辆排队时间，行驶安全

图6.2-17 右转导流岛与景观相协调

（3）合理调整交通组织，关闭部分支路交叉口

与江东路相交的许多支路随意接入，使得原道路交叉口多、信号灯多，交通延误大。通过对沿线道路交通组织，支路交叉口交通实行右进右出，减少了支路对江东路主线的干扰。使江东路的通行能力有了较大的提高，交通延误得以减少（见图6.2-18、图6.2-19）。

改造后支路交叉口右进右出，对主线交通干扰小，行人过街安全。

（4）行人交通的改善

交叉口设置多处行人等待区，使行人过街的间距大幅缩短，提高了行人过街的安全和舒适性。在交叉口间距较长及支路附近，结合绿波交通，设置人行横道线，并在中央分隔带及侧带设置行人等待区，保证行人交通安全（见图6.2-20、图6.2-21）。

2）道路主体及附属设施

（1）机动车道、非机动车道及辅道铺装

机动车道、非机动车道及辅道采用沥青混凝土路面，沥青采用优质改性沥青。其中机动车道沥青混凝土面层内掺加聚酯纤维，增加面层整体性（见图6.2-22、图6.2-23）。

（2）人行道铺装及无障碍设施

非机动车道与人行道共板，其间用花岗岩平石隔开。人行道采用预制道板。

全线设置无障碍设施，盲道材质与色彩与人行道板协调美观（见图6.2-24）。

（3）路灯

在中间带上设置高杆灯，两侧带上设置双叉灯，人行道侧设置步道灯。其设置不仅满足道路照明的功能需求，同时兼顾到道路的景观要求（见图6.2-25）。

图6.2-18 支路交叉口交通实行右进右出

图6.2-19 减少支路对江东路主线的干扰

图 6.2-20 交叉口通过信号灯制,设置行人等待区

图 6.2-21 路段结合主线绿波交通,行人二次过街

图 6.2-22 江东路机动车道

图 6.2-23 江东路辅道

图 6.2-24 人行道与非机动车道共板

图 6.2-25 路灯设置

(4) 交通管理设施

道路全线信号灯、交通标志及标线等交通管理设施设置合理完整、清晰明确，且经过总体布局，设置形式、位置做到统一协调，充分完善了道路的交通功能（见图6.2-26）。

(5) 公用设施

沿线公用设施齐全，均设置于人行道设施带内或两侧带上，设置合理美观，既不影响车辆及行人的通行，又能满足道路使用者的使用需求（见图6.2-27）。

7. 存在不足

1) 道路全线绿化带及人行道路缘石采用花岗石，虽然景观效果较好，但工程造价较高，且维修养护较为困难。路缘石设计应根据道路所处位置、周边环境、景观需要、工程造价等因素综合考虑，合理选用工程材料。

2) 由于交通标志、标线的设置由专门部门管理，实际的设置与原设计存在很多不符之处，导致交叉口范围内车道混乱，部分交叉口停车线处，机动车道外侧多出2m左右的"车道"，使得非机动车将此地带作为等待区，出现与机动车抢道，交叉口范围内秩序混乱，极不安全。建议增设交叉口管理设施（见图6.2-28）。

图6.2-26 交通管理设施设置合理完整

图6.2-27 公用设施设置在人行道设施带内

图6.2-28 车道划分与设计不符

6.3 无锡太湖大道改造工程

1. 工程概况

太湖大道是横贯无锡市区的一条城市主干路，西起环湖路，东至沪宁高速公路锡东立交，全长约 14.3km，横贯无锡城区东西，连接长江北路、清扬路、红星路、湖滨路、青祁路、蠡溪路、环湖路等多条城市干道，是无锡重要的出入通道、城市的窗口。项目区域位置见图 6.3-1。

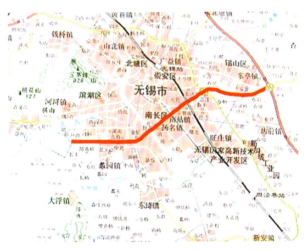

图 6.3-1 太湖大道区域位置图

太湖大道原名金匮路，为混凝土路面结构，自 20 世纪 80 年代起分多次实施完成。经过 10 余年重交通的作用，混凝土板已经出现大面积的错台、破损及沉降，虽经过多次局部修补，但由于混凝土板的特性及路基的情况，修补不能起到明显的作用。随着道路沿线新村、单位的增多，支路增加，对于道路交通的干扰明显，道路的服务水平已经大幅下降，难以承担随无锡经济发展而增加的交通量。改造前的太湖大道现状见图 6.3-2。

道路改造后，设计通行能力达到 6 万辆／日，结合沿线交叉口的改造，大大提高了道路的通行能力，

(a)

(b)

图 6.3-2 改造前的太湖大道现状

(a)   (b)

图 6.3-3 改造后的太湖大道

缓解了改造前交通拥堵的情况。道路改造带动了沿线地区的建设和发展，间接产生了巨大的社会效益和经济效益。同时，由于道路改造提高了通行能力，减少了车辆的通行时间，降低了行车费用，产生了直接的经济效益。改造后的太湖大道见图 6.3-3。

太湖大道是横贯无锡市区的一条东西方向的城市主干路，也是进入无锡太湖旅游风景区的一条主要通道，涉及面较广。设计人员本着因地制宜、设计合理、施工精细、经济适用、美观大方及维护便捷的原则，对道路、桥梁、管线、交通、景观等方面均进行了全方位的改造。

2．道路工程

太湖大道定位为城市主干路，设计车速 60km/h，设计通过增设缓和曲线、设置超高等方式对部分路段的平面线形进行了优化，以满足设计车速 60km/h 的技术指标。

1）交叉口设计

全线主要交叉口有环湖路、鸿桥路、隐秀路、蠡溪路、青祁路、湖滨路、红星路、清扬路、通扬路、塘南路、长江北路、广南路、东亭路、友谊南路、春阳路等。交叉口设计的原则是交叉道路基本按现状顺接，调整交叉口转角平侧石，以利于交通，有条件的交叉道路增拓右转车道或实施至规划断面。

为保证道路良好的通行能力，设计中结合绿带的设置，封闭了部分支路口，在必须预留的横穿机动车道支路，均设置信号灯进行控制，对进入快车道的支路口，设置太阳能警示标志。

2）横断面设计

根据交通量预测，太湖大道设计交通流量为 6 万辆／日，设计红线宽度 45m，双向六车道，交叉口适当扩大以保证通行能力。标准横断面见图 6.3-4。

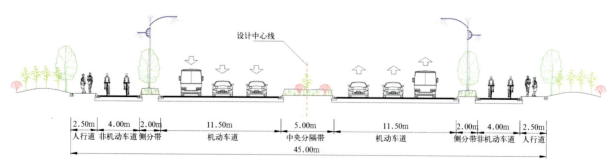

图 6.3-4 道路标准横断面图

太湖大道依据老路（金匮路）线形而建，由于路线较长，沿线两侧地块性质差异较大，老路情况也是复杂多变。该工程本着因地制宜、满足功能的原则，设置了多种道路标准横断面。具有代表性的断面总宽45m，四块板形式，包括：5m 中央分隔带、两侧各 11.5m 机动车道、各 2m 机非分隔带、各 4m 非机动车道及各 2.5m 人行道。机动车、非机动车及行人各行其道，断面划分较为清晰。改造后道路横断面见图 6.3-5。

图 6.3-5 改造后的道路横断面

3）路面结构

现状太湖大道原名金匮路，为水泥混凝土路面结构，自 20 世纪 80 年代起分多次实施完成。经过 10 余年重交通的作用，混凝土板已经出现大面积的错台、破损及沉降，道路的服务水平已经大幅下降，难以承担随无锡经济发展而增加的交通量。专家提出了两种方案进行对比：

(1) 在原混凝土面板上加铺沥青面层；
(2) 破除原路面结构后重新实施沥青路面结构。

经过研究决定采用破除原混凝土板，利用其下原路面基层处理后，上面再实施基层和沥青面层，该种方法相对施工周期较短，又能最大限度地节省投资。

太湖大道投入了国内最先进的进口基层冷再生机械。该施工机械可以在混凝土路面板清除后立即对现状基层进行原地翻松、拌合、摊铺成型，同时根据设计要求掺加水泥或石灰等材料，大大提高了施工效率、保证了质量。由于施工时不需进行大面积的翻挖、拌合，减少了对环境的污染。路基处理见图 6.3-6。

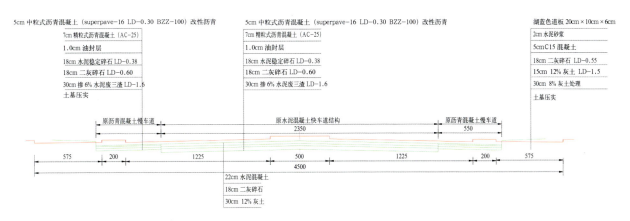

图 6.3-6 路基处理图（单位：cm）

太湖大道于 2003 年建成通车至今，交通量不断增长，现交通量已达 5 万辆／日，大部分路段路面状况良好，见图 6.3-7。该工程对老路基的利用是较为成功的。但是由于交通量的不断增长，局部路段在交叉口进口车道由于车辆频繁刹车，出现较为轻微的车辙现象，见图 6.3-8。为解决交叉口车辙问题，设计拟采用以下两点措施：(1) 交叉口范围基层加厚；(2) 沥青上面层中掺一定量的聚酯纤维。

4）人行道铺装

太湖大道人行道宽 2.5m，该道路并没有采用价格昂贵的花岗石、金山石等石材，而采用了 20cm×10cm×6cm 的白色及湖蓝色道板作为人行道铺装材料，蓝、白色道板间隔铺装形成太湖里点点浪花的形状，切合太湖的主题，起到"点睛"的作用，价格较便宜，景观效果也较好。见图 6.3-9。

5）路缘石

太湖大道虽是无锡市一条重要的城市主干路，窗口道路，但其最重要的特点还在于它是一条交通性主干路，满足其交通功能是首选。该道路的路缘石并没有采用价格较贵石材作为路缘石的主材，而是采用了普通混凝土预制路缘石。由于设计精细，施工期间建设方、监理严格控制，该道路路缘石铺装质量较好，既满足了功能要求，亦达到了美观大方的效果。见图 6.3-10、图 6.3-11。

6）无障碍

按规范要求，于交叉口处、道口处、中分带处均设置了无障碍坡道，方便通行，见图 6.3-12～图 6.3-14。

图 6.3-7 良好的路面状况

图 6.3-8 交叉口轻微车辙

(a)

(b)

图 6.3-9 湖蓝色道板铺装

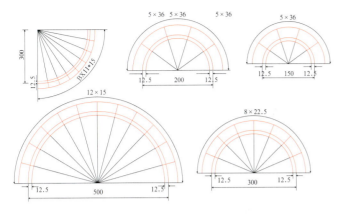

图 6.3-10 圆弧段平侧石做法

图 6.3-11 铺装质量较好的混凝土路缘石

图 6.3-12 交叉口处无障碍坡道

图 6.3-13 道口处无障碍坡道

图 6.3-14 中分带处无障碍坡道

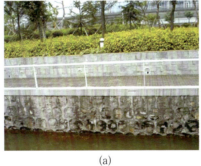

(a)

(b)

图 6.3-15 驳岸

7）挡墙、驳岸

局部路段道路外侧为沿道路方向的排水河道，驳岸采用块石砌筑，栏杆以石材、钢为主材，石砌驳岸，以满足功能为主。栏杆以石材、钢材相结合，外观效果较好，见图 6.3-15。

3．管线工程

1）管线横断面布置

城市道路地下管线繁多，包括雨水、污水、电力、上水、燃气、热力、信息管廊等，设计在布置管线横断面时基本避免了将地下管线布置于机动车道内，而尽量布置于人行道、非机动车道及绿化带内，保证了机动车道的路面质量及车辆行驶的舒适性，见图 6.3-16。

2）井周加固

窨井井周由于无法整体碾压，不可避免地出现不均匀沉降，从而导致井周沥青破坏及下沉，影响了路面质量及行车舒适性。在太湖大道改造时针对井周下沉问题采取了以下措施：

(1) 窨井井底增设钢筋混凝土底板；

(2) 井周采用人工夯进行分层夯实；

(3) 井周在道路上基层范围内设置了3m×3m的钢筋混凝土板，与窨井井圈连为一体，称之为卸荷板。见图6.3-17、图6.3-18。

3）井周加固

(1) 采用精密加工的球墨铸铁窨井圈盖，流水线生产，较为先进的减振、防盗装置，从目前使用的情况分析，基本彻底解决了窨井圈盖存在的不平整、响动等问题。见图6.3-19。

(a)

(b)

图6.3-16 车行道路面状况

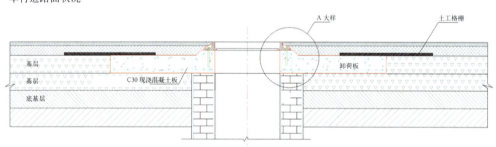

图6.3-17 卸荷板做法

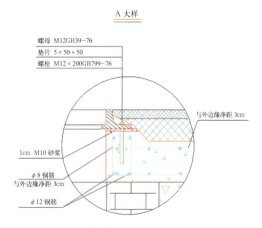

图6.3-18 卸荷板与井圈相连

图6.3-19 采用精密加工的井盖

（2）施工期间严格控制各道工序，沥青摊铺前对每个井的标高、横坡等参数进行逐个检查，以保证井与沥青面层之间结合紧密、平顺。

4）雨水箅

太湖大道收水井采用钢格板雨水箅，由于施工质量较好，后期运营期间加强养护，目前使用状况良好。钢格板雨水箅见图6.3-20。

图6.3-20 钢格板雨水箅

4. 桥梁工程

1）老桥改造

太湖大道为城市主干路，荷载等级为城—A级，人群荷载为$5.0kN/m^2$。道路改造过程中对沿线现状桥梁进行检测，对达不到设计荷载标准的老桥进行拆除重建，对达到设计荷载标准的老桥进行拓宽、更换栏杆等处理，以使桥梁能够与道路相协调。

2）人行天桥

为减少行人、非机动车过街对主线交通的影响，太湖大道在过街交通集中处设置造型美观的人行天桥。目前全线共设置了三座人行天桥，均设置于居民区、学校较为集中的路段。天桥进行了人性化设计，既设置了人行楼梯，亦设置了非机动车推坡道。见图6.3-21。

3）地下通道

太湖大道将太湖广场切割成南北两部分，为保证广场的整体性，同时避免广场处过街交通对道路交通的干扰，在广场位置设置了人行地下过街通道。通道设计与广场总体协调，通过下沉式与广场自然衔接。该通道建成后成为太湖大道又一亮点，见图6.3-22、图6.3-23。

(a)

(b)

图6.3-21 人行天桥

图 6.3-22　地下通道日景

图 6.3-23　地下通道夜景

5．交通工程

1）交通标志、标牌及标线

全线交通设施包括交通标志、交通标线、交叉口交通设施、交通监控系统几个方面的内容。交通设施的布置原则是：遵循国家标准《道路交通标志和标线》（GB5768-1999），参考交通管理部门意见，符合太湖大道实际情况。

太湖大道采用新型的一体式（板式）结构，减少标杆数量的同时提高视觉的美观性，从而提升了该道路的整体档次。见图 6.3-24～图 6.3-27。

图 6.3-24　一体式标杆

图 6.3-25　交叉口监控系统

图 6.3-26　旅游指示牌

图 6.3-27　LED 交通指示屏

2）隔离护栏

该道路部分路段由于红线宽度及两侧地块的控制，断面略为缩窄，取消了中央绿化带及侧分带，形成了一块板断面，为保证行车的安全性，须对对向行驶的机动车道及同向行驶的机动车道、非机动车道进行有效隔离。见图6.3-28、图6.3-29。

当非机动车道与人行道竖向处于同一平面时，可采用以下护栏。该型护栏较为通透，有效地隔离了人行道与非机动车道，见图6.3-30、图6.3-31。

3）交叉口渠化

为提高交叉口的通行能力，须对交叉口进行渠化设计，大致可分为两种形式。

（1）对于用地较为宽裕的交叉口，通过提前设置右转车道来实现交叉口渠化。该交叉口形式在无锡市

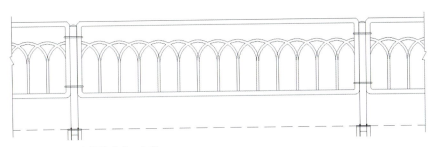

图6.3-28 隔离护栏形式一大样

图6.3-29 形式一现场使用实例

图6.3-30 隔离护栏形式二大样

图 6.3-31　形式二现场使用实例

城郊结合部道路中有广泛运用，效果较好。需要指出的是，右转车道应尽量远离交叉口设置，避免直行等红灯车辆堵住右转车道。见图 6.3-32。

（2）对于用地不是很宽裕的交叉口，通过缩窄中分带宽度，增设左转车道或交叉口范围局部拓宽，增设右转车道实现交叉口渠化。该形式在无锡市中心城区道路中使用较为广泛。见图 6.3-33。

图 6.3-32　扩大渠化交叉口效果图

图 6.3-33　普通渠化交叉口效果图

6．景观工程

太湖大道西起蠡湖新城飞泉帆影景点（见图 6.3-34），东至沪宁高速无锡东互通，位于蠡湖新城北侧，横贯无锡城区东西，是无锡市一条重要的迎宾景观大道。

道路景观由分隔带、道路两侧绿地、广场、公共绿地等组成。

道路绿化设计的原则是由内向外，逐渐拓展。道路红线范围内，即分隔带及人行道的绿化不采用高大树木，而是采用较低矮的灌木和草花结合，通过不同植物、不同色彩、不同造型的组合来表现。采用此种形式，使行车人感觉视觉开阔、舒畅，而因为没有乔木的遮挡，道路两侧绿地的景观亦能够尽收眼底。

1）中分带、侧分带景观

太湖大道中央分隔带宽 5m，两侧侧分带宽 2m，绿化不采用高大树木，而是采用较低矮的灌木和草花

图 6.3-34　蠡湖新城飞泉帆影

结合，通过不同植物、不同色彩、不同造型的组合来表现。采用此种形式，使行车人感觉视觉开阔、舒畅，而因为没有乔木的遮挡，道路两侧绿地的景观亦能够尽收眼底。图 6.3-35 采用金叶女贞、蜀桧、红花檵木三种色相变化较大的灌木，搭配出具有一定韵律感的现代城市景观。图 6.3-36 采用色彩缤纷的四季草花，以几何块面形成具有节奏感的带性绿化景观，为行车者带来良好的视觉感受。

图 6.3-35　灌木中分带景观

图 6.3-36　四季花草中分带景观

2）道路两侧景观

太湖大道两侧绿化宽度为 20～50m，绿化的原则是由内向外，逐渐拓展，不同路段采用不同的设计方法，与周围的环境相协调一致。图 6.3-37 为金匮桥西侧路外绿化带，运用现代大气的城市道路绿化手法，以高大乔木密林形成浓厚的背景，靓丽的开花小乔木形成中景，曲线流畅的灌木色带成为前景，形成层次丰富的复合式绿化景观，开畅的草坪给人以开阔的视野，现代的气息。

3）广场、公共绿地景观

太湖广场绿化景观设计采用现代的景观设计手法，以构成感极强的绿化肌理，层次丰富的植被设计，形成四季分明、大气简约的现代城市休闲广场。见图 6.3-38。

4）道路沿线环境整治

太湖大道作为一条景观大道，道路沿线的环境整治也是不容忽视的，比较典型的是：在道路改造过程中，对沿线的旧居民楼进行了"平改坡"工程，以与道路景观相匹配。见图 6.3-39。

图 6.3-37　道路两侧景观

(a)　　　　　　　　　　　　　　　　　　(b)

图 6.3-38　太湖广场景观图

(a)　　　　　　　　　　　　　　　　　　(b)

图 6.3-39　沿路房屋美化

7. 照明工程

1) 路灯横断面布置

太湖大道路灯设置于道路两侧机非绿化带内，采用形式较为新颖的双挑灯，双侧对称布置，平均间距 25m，光源功率满足双向六车道照度标准。另外，部分人流较集中路段在两侧人行道外侧设置了庭院灯，以增加气氛。见图 6.3-40、图 6.3-41 及图 6.3-42。

2) 广场亮化

太湖广场作为无锡市目前为止最大的居民休闲广场，人流量非常大，建设方投入巨资对该广场实施了亮化工程。见图 6.3-43、图 6.3-44。

图 6.3-40　路灯远景　　　　　　　图 6.3-41　路灯近景　　　　　　　图 6.3-42　庭院灯

图 6.3-43　太湖广场夜景　　　　　　　　　图 6.3-44　广场夜景效果图

8. 附属设施

1) 公交站台

太湖大道公交站台设置于机非分隔带内，站台形式简洁、大方，具有现代气息。见图 6.3-45。

2) 停车场

根据因地制宜的原则，太湖大道在两侧用地范围较为空余的路段及太湖广场设置了部分停车场，主要以停放小型汽车为主。见图 6.3-46、图 6.3-47。

图 6.3-45　太湖大道公交站台

图 6.3-46　草皮砖铺筑停车场

图 6.3-47　石材铺筑停车场

3）厕所

厕所设置于广场及人流、居民集中处，并与周围景观协调。见图 6.3-48。

4）电话亭

电话亭设置于道路交叉口、公交站台及广场等人流较为密集的地段。见图 6.3-49。

5）垃圾箱

垃圾箱同电话亭一样，设置于道路交叉口、公交站台及广场等人流较为密集的地段。见图 6.3-50。

6）配电箱

配电箱设置于交叉口附近的机非绿化带内或人行道外侧，不占用人行道宽度，高度也不过高，避免影响行车人视线。见图 6.3-51。

(a)

(b)

图 6.3-48　路边厕所

部分城市工程实例分析 113

图 6.3-49 电话亭

(a)

(b)

图 6.3-50 垃圾箱

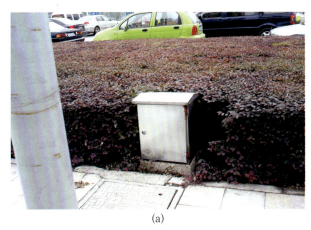

(a)

(b)

图 6.3-51 配电箱图片

7)广场配套设施

广场配套设施包括:导向指示牌、广场步道、休息座椅、电话亭、垃圾箱等,设置位置宜醒目,不被绿化遮住,形式需与广场整体环境协调。见图 6.3-52、图 6.3-53、图 6.3-54。

太湖大道改造总体上来说是比较成功的。

(1)道路改造后,设计通行能力达到 6 万辆/日,结合沿线交叉口的改造,大大提高了道路的通行能力,缓解了改造前交通拥堵的情况,市民对此工程相当满意。因此,本工程的社会效益是相当明显的。

(2)作为无锡一条门户性、窗口性的道路,太湖大道改造后行车舒适,视觉优美,交通便利,得到了来无锡旅游、工作的外地朋友的一致好评,同样也增加了它的社会效益。

(3)道路改造带动了沿线地区的建设和发展,间接产生了巨大的经济效益。同时,由于道路改造提高了通行能力,减少了车辆的通行时间,降低了行车费用,产生了直接的经济效益。

图 6.3-52 广场步道

图 6.3-53 广场休息座椅

图 6.3-54 广场导向指示牌

6.4 苏州工业园区现代大道

1. 工业园区规划

苏州工业园区总面积为 288km²,包括中新合作区 80km²、周边三镇 208km²。周边相临有相城区、苏州古城区、吴中区以及昆山市吴淞江地区。交通体系与周边地区的交通设施协调统一构建。根据苏州市总体规划,苏州工业园区的城市发展定位:苏州市现代化新城、中央商务区;长三角区域次级商务中心;国际知名、国内领先的高新技术产业园区和文化产业中心。对城市交通的要求:便捷的对外交通联系,与园区内对外交通枢纽之间顺畅的连接,通过良好的货物运输走廊,快捷到达区域交通枢纽。打破园区内部各个片区之间相对独立的状态,加密支路网密度增强可达性,加强主要功能区与市区其他地区之间的联系能力。整个园区规划分两个部分:首期开发区规划和第二、三区规划。

1) 首期开发区规划:
- 具有吸引力的现代化商业中心;
- 具有独立职能而又能与旧城区相辅助相对独立的新区;
- 加强苏州市的中心轴线,长方形发展的传统布局特点;
- 继承发扬苏州传统布局,保留及善加利用现有湖泊河道,突出具有苏州水城特色,而又具有新时代气息的园区面貌;
- 通过层次分明,高效率的交通网络,配合适当的绿化空间,创造一个高素质,高效率的居住、工作及休闲娱乐环境;
- 通过明确合理的功能分区、全面的社区设施以及邻里中心,缩短在生活、就业和休闲娱乐的交通距离,从而创造一个良好的,舒适和方便的居住环境;
- 保留足够的土地,以用于建设公用事业设施,支援新区发展在供水、供电及电信等方面的需求;
- 根据以上所述,首期开发区的性质拟定为:"新型和现代化的商业中心,并拥有平衡的居住和工业用地"首期开发区交通规划。

(1) 道路方面

道路骨架由四横四纵组成。

①对外交通:苏杭高速在开发区的西部边界干道上通过。东环路作为联系开发区交通和 312 国道、沪宁高速公路及机场大道的主要干道。

②对内交通:东西向有贯穿整个园区的连接东环路与沪宁高速公路的一级干道经过。这条干道以南、以北各有一条以货运为主的横向干道。此外,中央核心地带的南北边缘有区干道把繁忙的商业区和居住区分开。整个首期开发区还有四条纵向干道,同以上的横向干道组成一个棋盘式格局、层次分明、有效率的网状道路系统。区内道路将沟通所有功能分区。

(2) 水路方面

原有的 8 级航道如凤凰径及葑门塘将给予保留。可是相门塘由于通过拟议中的商业核心地带,将不适合作为航道,只能允许小船如"水上的士"通过。北部的娄江则将继续作为 5 级航道,为新区工业发展发挥其功能。

2) 第二、三区规划
- 土地的使用是根据明确的功能加以划分:由无污染的轻工业区相应地分布在居住区边缘,而商业中心位于居住区中心,使工作地点和必要设施靠近住家。商业中心是以分层次方式进行规划,在第一区地段内的商业核心区同时为园区和整个苏州市服务,在第二和第三地段内的市镇中心为个别的市镇服务,所有三个地段内的邻里中心则为邻里居民服务。第一个地段内独特的新商业核心区以及第二和第三区地段内的市镇中心加强了苏州市的中心轴线设计。这条轴线起于河西新区中心经过古城的心脏区,连接苏州工业园区第一、第二和第三区的中心。
- 规划包括一个分层次的道路网络，结合现有的道路系统，并进行小规模修改，以提供高效率的交通网络，贯穿道路将和居住区内的道路分开，以减少对居住环境的干扰。
- 适当分配绿色户外空间，以创造一个高素质的居住环境。
- 保留足够的土地，以用于建设公用设施，支援新区将来的发展。
- 保留现有的湖泊和主要河道，以突出苏州"水城"的特色，并提供赏心悦目的景观。
- 提供全面的教育和社区设施，如体育设施、小学和中学、公园、医院、文化娱乐中心以支援各个邻区和整个园区。

苏州工业园区的总体规划图，目的在于指导这个现代化园区进行具体发展，让它能与现有城市相结合，成为一个高效率的城市实体，同时提供良好的居住和商业环境，规划概念是在于通过东西走向的发展而建造一个适当的城市格局，并充分与历史古城结合，以平衡苏州市的线性发展。

第二、三区综合交通体系规划：

(1) 目标

①建立园区的高效的综合对外交通体系。促进铁路、公路、航道运输协调发展。

②建立园区的与综合对外交通体系相配合的综合内部交通系统。包括轻轨列车、公共汽车、小汽车、自行车等系统。

③综合协调园区与苏州市区的交通系统，使园区的综合交通体系成为苏州市区综合交通体系的一部分。

④近期与远期相配合，使近期建设的交通系统能够面对未来发展的挑战。

(2) 标准

道路采用多层次道路系统，由主干路和次干路组成，它们的保留宽度如下：

	宽 度	车 道 数	自行车道
一级主干路	52.4m	双向4车道（远期）	3m
		双向3车道（近期）	5m
二级主干路	45.6m	双向3车道（远期）	3m
		双向2车道（近期）	5m
次干路	37.4m	双向3车道（远期）	3m
		双向2车道（近期）	5m
	32.0m	双向2车道（中央分隔）	3m
	22.0m	双向2车道（中央无分隔）	5m

路网

主干路 1～1.5km 间隔（交叉口）

次干路 300～600m 间隔（交叉口）

轻轨列车

车站位置 1km 距离

转弯半径 200m

拟建标准：

第一级主干路

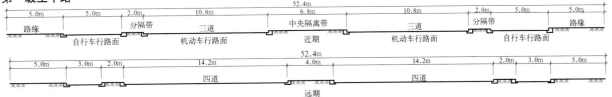

第二级主干路

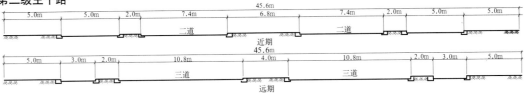

单向主干路

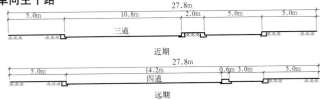

有分隔次干路
主要自行车行路面

普通自行车行路面

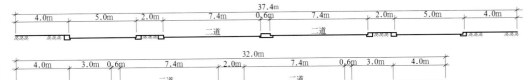

无分隔次干路

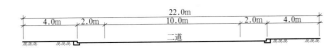

区级干路
低密度

中密度

高密度

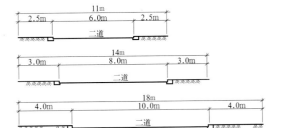

2. 现代大道——城市的线性公园

1) 概况

现代大道西起东环路东至沪宁高速是苏州工业园区的重要门户入口交通道路，也是园区内一条贯穿东西、连接沪宁高速与苏州古城区的景观交通道路。其区域位置见图6.4-1。沿线穿过工业园区的工业区、居住区、商业区、行政及文化区。以下所分析的为玲珑街至青秋浦大桥段。该段总长12km，道路控制红线52.4m，包括中央隔离带6.8m，1.5m标准机非隔离带，机动车道，非机动车道，人行道。人行道两侧沿线布置线性公园。现代大道实景见图6.4-2。

2) 道路

(1) 道路横断面

现代大道本着因地制宜、满足功能的原则，设置了多种道路标准横断面。该道路控制红线52.4m，包括中央隔离带6.8m，1.5m标准机非隔离带。机动车、非机动车及行人各行其道，断面划分较为清晰。现代大道标准断面见图6.4-3。

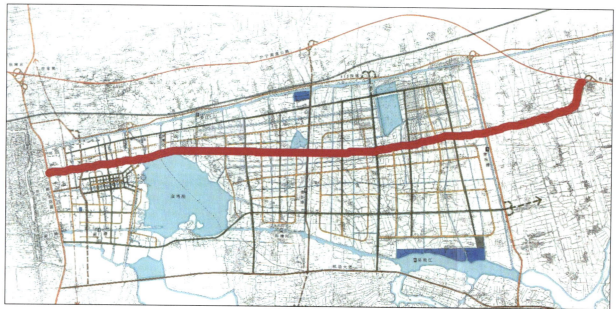

图6.4-1 现代大道区域位置图

图6.4-2 现代大道实景

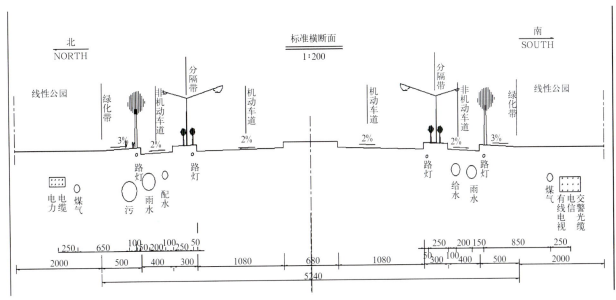

图 6.4-3 现代大道标准横断面图

(2) 车行路面

机动车道、非机动车道路面材质为沥青混凝土。路面效果见图 6.4-4、图 6.4-5。

(3) 人行道铺装

人行道材质为舒布洛克，两侧贯通，但根据路段周边地块的性质，颜色上有区分，居住区颜色偏暖，工业区颜色偏冷。使整个人行道既连续，又富有变化。生活区及工业区人行道铺装效果见图 6.4-6、图 6.4-7。

广场铺地材质为石材，作为人行道的延伸。

(4) 侧石

侧石为预制混凝土，见图 6.4-8。

特点：造价低、强度高、整齐统一。

图 6.4-4 现代大道快车道路面实例一

图 6.4-5 现代大道快车道路面实例二

图 6.4-6　生活区人行道

图 6.4-7　工业区人行道

图 6.4-8　侧分带侧石

图 6.4-9　盲道

(5) 无障碍设施

现代大道人行道全线进行了无障碍设计，包括盲道铺装、无障碍坡道等，方便残疾人通行。盲道及无障碍坡道实景见图 6.4-9、图 6.4-10。

(6) 公交站台

现代大道公交站台设置于机非分隔带内，站台形式简洁、大方，具有现代气息。材质为不锈钢和夹胶玻璃。现代大道公交站台见图 6.4-11。

3) 管线

(1) 综合管线横断面布置

城市道路地下管线繁多，包括雨水、污水、电力、上水、燃气、热力、信息管廊等，设计在布置管线横断面时基本避免了将地下管线布置于机动车道内，而尽量布置于人行道、非机动车道及绿化带内，保证了机动车道的路面质量及车辆行驶的舒适性。现代大道综合管线横断面布置与实景对照见图 6.4-12。

(2) 井盖处理

非机动车带上的井盖：考虑非机动车行车碾压，用强度较高的钢纤维混凝土井盖。慢车道井盖见图 6.4-13。

人行道上的井盖：荷载要求低，景观要求高，故用托盘式井盖，表面铺贴铺地材质。人行道井盖见图 6.4-14。

部分城市工程实例分析　121

图 6.4-10　无障碍坡道

图 6.4-11　现代大道公交站台

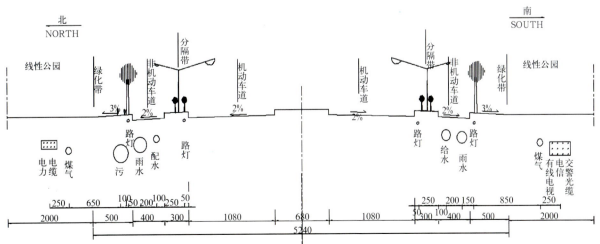

图 6.4-12　现代大道综合管线横断面布置与实景对照

图 6.4-13 慢车道井盖

图 6.4-14 人行道井盖

(3) 雨水箅

非机动车带上的雨水箅：考虑非机动车行车碾压，用强度较高的铸铁井盖或钢纤维混凝土井盖。钢纤维混凝土雨水箅见图 6.4-15。

人行道上的雨水箅：荷载要求低，景观要求高，故用铺地结合，材质为花岗石。人行道明沟盖板见图 6.4-16。

(4) 交通

现代大道机动车道交通信号灯采用新型的一体式（板式）结构，减少标杆数量的同时提高视觉的美观性。现代大道一体式标杆见图 6.4-17。

4) 景观

现代大道西段（玲珑街—星华街），穿过苏州工业园区居住、商务、行政及文化区，除了过往的交通性因素，更多是不同区域内不同人群所对应的功能。在周边用地尚未开发之际，如何做到既满足现状的景观需求又能与未来的空间相互衔接是重点要解决的问题。同时，该段共有的对城市空间及人的开放性的特征，形成了线性公园的概念——将道路两侧 28.8m 宽的绿化带设计为供人步行、休闲、观赏等景观空间，作为所相邻街区的空间延续，并具备不同的景观空间特征。同时不同街区的景观空间因道路的连续性以及景观特征要素的统一性，形成连续一致的景观，见图 6.4-18。在与未来街区的衔接上，根据用地性质的不同，预留软质或硬质景观的连接开口，为未来的发展和使用提供空间，这一点随着周边用地开发，已突显出其景观设计对于城市现代的积极作用。

(1) 居住区景观

居住区线性公园不仅仅是具备交通性、观赏性，

图 6.4-15 钢纤维混凝土雨水箅

图 6.4-16 人行道明沟盖板

图 6.4-17 一体式标杆

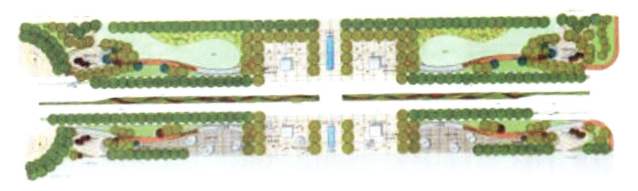

图 6.4-18 现代大道生活景观区平面图

同时具备双重的开放性、多用途性。双重的开放性是指公园对街道空间开放的同时,街道空间也对公园开放,互为配合、渗透;多用途性是指除景观性外,由于临街城市空间的不同功能及不同性质,使相应界面的公园可能具备功能的延展及复合。现代大道居住区景观实例见图 6.4-19~图 6.4-26。

居住区乔木、灌木、地被相互配合打破了简单的重复节奏,不断变化的树林与灌木若隐若现,呈现出层次变化的绿色空间。植物种类以开花、色叶植物为主。居住区植物配置见图 6.4-27~图 6.4-31。

居住区丰富的植物种类随着四季的交替呈现不同的色彩。

(2) 工业区景观

现代大道东段沿线为工业区,在该区域内道路的界面为封闭,不为机动车和行人开口。因为快速交通通过,行人停留很少,现代工业建筑干净明快是该区域的城市建筑特性。道路景观的印象应是在快速通过

图 6.4-19 居住区景观实例一

图 6.4-20 居住区景观实例二

图 6.4-21 居住区景观实例三

图 6.4-22 居住区景观实例四

图 6.4-23 居住区景观实例五

图 6.4-24 居住区景观实例六

图 6.4-25 居住区景观实例七

图 6.4-26 居住区景观实例八

图 6.4-27 居住区植物配置图一

图 6.4-28 居住区植物配置图二

中形成的，同时作为城市的门户入口的开始段，必须在第一时间给过路的人群留下深刻的印象，即必须有强烈的视觉特质。用集合堆土塑造形成向街道空间内侧围合的空间，后面的工业建筑群在不断变化的树阵与绿篱间若隐若现。现代大道工业区某段景观配置见图 6.4-32。

部分城市工程实例分析 | 125

图 6.4-29　居住区植物配置图三

图 6.4-30　居住区植物配置图四

图 6.4-31　居住区植物配置图五

工业区行人停留很少，休闲、观赏等景观空间逐渐减少，见图 6.4-33、图 6.4-34。

工业区绿化：45℃方向规则的香樟树阵不断有节奏的重复出现，强化了空间在进行中的韵律。

在坡上的波浪形的常绿花灌木，在春夏季交替开花，打破了简单的重复节奏。

植物种类以常绿树为主。工业区绿化配置实例见图 6.4-35～图 6.4-39。

中央隔离带绿化：三种颜色鲜明的植物交替种植，在地形上与两侧绿地呼应，连续而有节奏。线形流畅而又不至于单调。

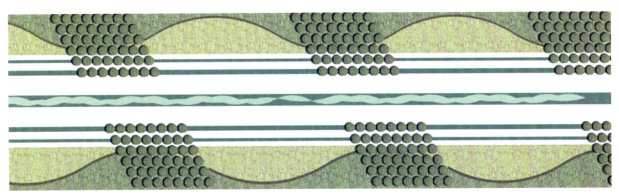

图 6.4-32　工业区某段景观配置

图6.4-33 工业区景观实例一

图6.4-34 工业区景观实例二

图6.4-35 工业区植物配置图一

图6.4-36 工业区植物配置图二

图6.4-37 工业区植物配置图三

图6.4-38 工业区植物配置图四

图 6.4-39　工业区植物配置图五

5) 照明

(1) 道路照明

现代大道金鸡湖大桥段夜景见图 6.4-40。

现代大道路灯设置于道路两侧机非绿化带内，采用单挑灯形式，双侧对称布置，光源功率满足车道的照度标准。另外，在人流较集中路段在两侧人行道外侧设置了庭院灯，以增加气氛。现代大道路灯实例见图 6.4-41。

图 6.4-40　现代大道金鸡湖大桥夜景

图 6.4-41　现代大道路灯实例

(2) 广场照明

现代大道在道路旁的广场绿地中适当地布置了庭院灯和草坪灯，既保证了广场和园路上人们活动所需要的照度，也提高了景观的质量。广场景观布置实例见图 6.4-42、图 6.4-43。

图 6.4-42　现代大道广场灯实例一　　　　　　　图 6.4-43　现代大道广场灯实例二

6）附属设施

（1）电话亭

现代大道电话亭设置在人行道边以及各个广场中，形式简洁、大方，具有现代气息。材质为不锈钢和夹胶玻璃。现代大道电话亭见图 6.4-44。

图 6.4-44　现代大道电话亭

（2）垃圾箱

现代大道的垃圾箱注重环保，有可回收和不可回收两个箱口。现代大道垃圾箱见图 6.4-45。

（3）坐凳

现代大道的坐凳以条形的石材坐凳居多，与环境结合得比较好。现代大道坐凳实例见图 6.4-46、图 6.4-47。

（4）配电箱

现代大道的配电箱外壳颜色为迷彩绿，放于绿地中，比较隐蔽。现代大道配电箱见图 6.4-48。

（5）小品

沿线各种特征鲜明的雕塑形成节奏、产生韵律。现代大道雕塑见图 6.4-49～图 6.4-54。

图 6.4-45　现代大道垃圾箱

图 6.4-46　现代大道坐凳一

图 6.4-47　现代大道坐凳二

图 6.4-48　现代大道配电箱

图 6.4-49　现代大道雕塑一

图 6.4-50　现代大道雕塑二

图 6.4-51　现代大道雕塑三

图 6.4-52　现代大道雕塑四

图 6.4-53　现代大道雕塑五

图 6.4-54　现代大道雕塑六

6.5 常州市延陵路工程

延陵路是常州城市的东西向中轴线,通过历年的道路和沿线设施的逐步整治和改造已形成了以常州市亚细亚影视中心、南大街商业步行街、工商银行大厦等建筑为标志的商业、娱乐、金融核心街区。文化宫至政成桥段,在 20 世纪 80 年代改为延陵东路,沿线有洪亮吉故居、红梅公园、天宁寺、舣舟亭公园等唐、宋、元、明、清各时期的文物古迹和旅游资源,蕴藏着浓厚的历史文化内涵。

延陵东路改造方案设计采用保护与改造相结合的方法,将有着"东南第一丛林"盛誉的天宁寺、建于南朝的文笔塔、宋朝苏东坡客居常州的舣舟亭,作为整体规划和城市设计的关键点,延陵东路、步行街及古运河作为贯穿规划区域的主线,使这一区域真正体现常州古城的历史文化内涵。结合刚建成开放的"国内第一佛塔"——天宁宝塔和 2006 年改造完成的市内最大开放式公园——红梅公园,使该区域成为具有地方性的历史文化、旅游休憩街区。

延陵路全景见图 6.5-1。

(a)

(b)

(d)

(c)

(e)

图 6.5-1 延陵路全景

1. 道路规划设计

1）路网规划

延陵路是常州市内环加放射型道路网的骨干道之一，同时又是"古运河风光旅游带"的一部分，是常州市商业、服务业和旅游文化设施核心区。

规划考虑以天宁寺、文笔塔和舣舟亭三点一线，加上道路及市河滨河绿化，对比于延陵西路现代化的高楼大厦，延陵路整体上构成了"西雄东秀"的建筑风格；同时由于常州市南市河与北市河在东吊桥汇流后沿延陵东路由东市河向东流入运河，客观上形成了路河相临的格局，为更好地解决城市景观，规划对市河两岸进行统一考虑，使延陵东路、东市河和市河南侧沿河道路，形成了路—河—路的统一布局。延陵东路道路宽度为36～39m，地下布置了雨水、污水、给水、煤气、供电、电信和路灯等管线，所有架空管、杆线全部入地，形成了畅通、舒适的环境。见图6.5-2。

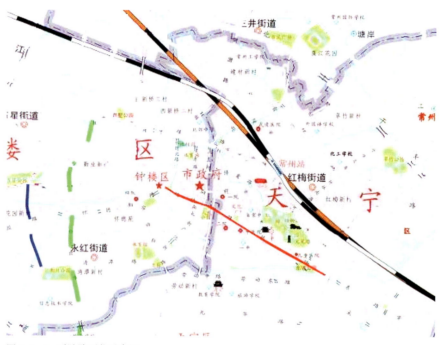

图6.5-2 延陵路区位示意图

工程内容包括道路改扩建工程、地下管线改造工程、桥梁改造工程、市河驳岸工程和滨河绿化环境工程、人防地下通道工程等六部分。其中延陵东路2001年获得了市政金杯奖。

2）道路交通设计

按城市主干路标准，双向四车道，三块板型式，红线宽度为36～40m。

常州市延陵路是市区中心横贯东西向的交通主干道兼商业、服务、旅游、观光中心，并且是连接城东戚墅堰区的进入市区的主要通道，在保证机动车辆通畅的情况下，充分考虑非机动车和行人的安全通行是十分重要的，作为市区的重要旅游地带，营造舒适的美化的步行环境也是本工程所非常关注的一部分。因此，在解决机动车双向四车道的基础上，两侧各设置了宽5.5m的非机动车道，在沿市河地段，因地制宜地布设了滨河绿化和小游园，部分人行道与滨河绿化相互结合，有机统一，避免了机动车与非机动车和行人的交叉和冲突，真正体现以人为本的设计理念。

3）路幅分配型式

道路横断面采用三块板型式，典型横断面总宽36m，详为：3.5m人行道+5.5m非机动车道+1.5m机非分隔带+15m机动车道+1.5m机非分隔带+5.5m非机动车道+3.5m人行道。

延陵路断面实景见图6.5-3。延陵路断面效果见图6.5-4。

图 6.5-3　延陵路断面实景图

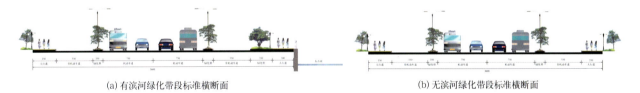

(a) 有滨河绿化带段标准横断面　　　　　　　　　　　(b) 无滨河绿化带段标准横断面

图 6.5-4　延陵路断面效果图

2. 道路主体设施

1）机动车道

设计采用 3cm 细粒式沥青混凝土 +4cm 中粒式沥青混凝土 +6cm 粗粒式沥青混凝土 +20cm 二灰碎石 +35cm10% 石灰土的机动车路面结构组合。

2）非机动车道

由于采用非机动车道组织施工期间的交通，非机动车道面层结构与机动车道相同，基层采用 15cm 二灰碎石 +30cm10% 石灰土的结构层。延陵路非机动车道实景见图 6.5-5。

3）人行道

人行道路面结构采用花岗石铺砌，路面结构为花岗石面层 +3cm 1:3 砂浆 +5cmC15 混凝土 +20cm10% 灰土。延陵路人行道实景图见图 6.5-6 ～图 6.5-8。

采用花岗石板铺砌，上表面剁毛以提高雨季抗滑性能，在适当地区施以图形以丰富人行道路面色彩。

图 6.5-5　延陵路非机动车道实景图

图 6.5-6　延陵路人行道实景图

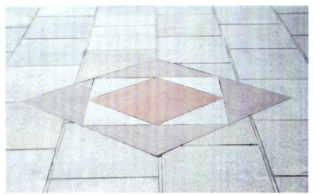

图 6.5-7　延陵路人行道实景图

图 6.5-8　延陵路人行道实景图

4）路缘石及护栏

（1）路缘石

延陵路是常州市一条重要的东西向轴线，两侧用地多为商业、金融和旅游服务功能，设计中没有采用普通的混凝土侧平石，而是采用与道路两侧景观相协调的金山石。由于精心设计、严格监理、按图施工，侧平石铺装质量很好，起到了美观大方的效果。

延陵路路缘石实景图见图 6.5-9，大样图见图 6.5-10。

(a)

(b)

图 6.5-9　延陵路路缘石实景图

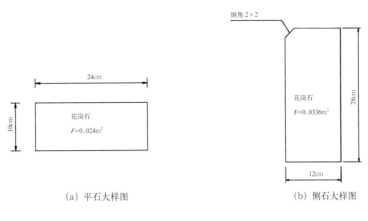

(a) 平石大样图   (b) 侧石大样图

图 6.5-10　延陵路路缘石构造大样图

（2）护栏

根据护栏所处的位置，选用了不同的护栏形式。作为双向机动车道之间的中央隔离，采用柱式加铁链的透空方便型，既隔离了双向车道，又可以在非常情况下迅速撤离，富于灵活性；在机非隔离处，采用塑钢护栏，既美观又环保，不用油漆，利于保洁常新。

延陵路栏杆实景见图 6.5-11。

5）检查井及路面排水设施

针对城市道路下各种管线齐全的状况，区分不同的专业公司所有权，在材料大体一致的前提下进行了标识，以体现产权清晰、便于管理。设置原则是位于车道时用圆形，位于人行道时用方形，方便道板相接。

雨水收集口与雨水检查井见图 6.5-12，燃气阀门井见图 6.5-13，花岗石检查井盖见图 6.5-14，联通检查井见图 6.5-15。

6）道路照明设施

路灯白天与夜景见图 6.5-16 ～图 6.5-18。

图 6.5-11　延陵路栏杆实景图

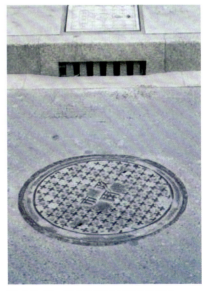

图 6.5-12　雨水收集口与雨水检查井

7）公交车、出租车停靠站

（1）公交车停靠站

在公交车停靠站台处，以鲜亮的颜色标明车道的专用性质，同时配以现代感非常强的候车棚及乘客休息区，体现公交优先和以人为本的发展方向。

公交车停靠专用车道见图 6.5-19～图 6.5-21。

图 6.5-13　燃气阀门井

图 6.5-14　花岗石检查井盖

图 6.5-15　联通检查井

图 6.5-16　延陵东路路灯（白天）：古典与现代的完美结合

图 6.5-17　延陵东路路灯（夜景）：古色古香

图 6.5-18　延陵西路（夜景）：简洁现代又不失优雅的中心街区

图 6.5-19　公交车停靠专用车道

图 6.5-20　方便乘客上下的候车棚　　图 6.5-21　具有强烈现代感的候车亭

（2）出租车停靠站

适应不同的区域，结合周边环境，采用不同的临时出租车停靠站，既方便市民的乘车，又充分利用公共资源，为现代化城市带来一道独特的风景。停靠站见图 6.5-22、图 6.5-23。

8）路边停车场

为适应本工程地理位置的特殊性，充分发挥地域的优势，方便市民和游人享受公益事业带来的好处，最大程度地满足有车一族的停车需求，在特殊的地段及特殊的时段，合理利用道路资源，开辟路边临时停车场以补充永久停车场的不足。停车场见图 6.5-24。

9）无障碍设施

为满足下肢残疾及盲人出行的要求，在人行道系统中设置盲道，在人行道中断处设置停步提示和无障碍坡道，以体现政府对特殊人群的关怀和社会的和谐。

无障碍坡道见图 6.5-25，残疾人使用的电话亭见图 6.5-26。

图 6.5-22　简易临时停靠站　　　　　　　　　　　　　图 6.5-23　新颖的临时停靠站

图 6.5-24 停车场

图 6.5-25 无障碍坡道

图 6.5-26 残疾人使用的电话亭

10) 地下管线

城市道路地下管线繁多，包括雨水、污水、给水、中压煤气、供电电缆、通信管道及路灯电缆等系统，设计在布置管线横断面时基本避免了将地下管线布置于机动车道内，全线雨水口采用花岗石偏沟式雨水口，与侧平石材质一致，且可有效防止垃圾进入雨水口，保证了机动车道的路面质量及车辆行驶的舒适性。

3. 道路附属设施

1) 交通管理设施

(1) 信号灯

为充分利用道路资源，快速有效地组织交通，合理处理行人和车辆的关系，在各道路交叉点设置了交通信号灯。在型式选择上，尽可能采用组合式立杆，以解决城市上空杆线林立的状况。组合式灯杆见图 6.5-27、行人横道线信号灯见图 6.5-28。

图 6.5-27　组合式灯杆　　　　　　　　　　　　　图 6.5-28　行人横道线信号灯

(2) 交通标志

交通标志采用组合式设置，尽量与交通信号灯杆同杆或一杆多用，以净化城市空间。交通标志组合杆见图 6.5-29，道路指示与车道指示同杆见图 6.5-30。

(3) 交通标线

在重要部门出入口及路边停车场出入口设置禁停网线，保证车辆的快速通畅；在行人集中处设置人行横道线，在满足机动车快速通行的同时，保障行人安全出行。路边永久停车场出入口见图 6.5-31，景点处人行横道线见图 6.5-32。

图 6.5-29　交通标志组合杆　　　　　　　　　　　图 6.5-30　道路指示与车道指示同杆

图 6.5-31　路边永久停车场出入口　　　　　　　　图 6.5-32　景点处人行横道线

（4）交通岗亭

交警岗亭实景见图 6.5-33、图 6.5-34。

（5）广告牌、展示栏

广告牌实景见图 6.5-35，展示栏实景见图 6.5-36。

（6）废物箱

废物箱实景见图 6.5-37。

图 6.5-33　交警岗亭实景图

图 6.5-34　交警岗亭实景图

图 6.5-35　广告牌实景图

图 6.5-36　展示栏实景图

图 6.5-37　废物箱实景图

4. 文化小品与道路绿化

1）文化小品

（1）太平兴国石经幢

太平兴国石经幢为宋太平兴国四年（979 年）太平禅寺附属建筑，原有一对，并植于太平禅寺山门前。幢通高 5.42m，宽 2.24m。由浮雕八力神、宝相花、八佛像、仰莲须弥山、海等四层须弥座及遍刻尊胜陀罗尼经之八棱幢身、缠枝牡丹花宝盖、浮雕斗栱、伞状宝顶等石雕组件砌成。雕刻工艺凝重古朴，形象饱满，具宋代石刻艺术风格。现一座完整，另一经幢仅存须弥座残件三层。1995年4月公布为江苏省文物保护单位。太平兴国石经幢实景见图6.5-38。

(2) 通吴门

原为常州东门一门楼，东市河改造时在此设置一水利泵站，设计时将此命名为通关门以呼应延陵东路的文化氛围。通吴门实景见图6.5-39。

图6.5-38　太平兴国石经幢实景图

图6.5-39　通吴门实景图

(3) 椿桂坊牌楼

椿桂坊东起元丰桥，西至新坊桥，是我市宋代的古街坊之一。志书记载，北宋时寓居此处的太傅张彦直四个儿子相继登科（其中张守，官至参知政事，是宋之名臣）。常州的郡守徐中，取五代时窦燕山五子登科的"灵椿丹桂"典故，于大观三年（1109年）在巷内建造"椿桂坊"牌楼以志贺，街因此得名。椿桂坊牌楼实景见图6.5-40。

(4) 栏杆

栏杆采用古典结合现代，从古典中提取元素，结合现代园林的简约相辅相成。

栏杆实景见图6.5-41。

(5) 城厢图

以石刻形式展现常州城垣变迁及城厢图。城厢图实景见图6.5-42。

(6) 兰陵市井

以玉琮展现常州历史上曾用名"延陵"、"毗陵"、"晋陵"、"兰陵"。兰陵市井实景见图6.5-43。

图 6.5-40　椿桂坊牌楼实景图

图 6.5-41　栏杆实景图

图 6.5-42　城厢图实景

图 6.5-43　兰陵市井实景图

(7) 舣舟亭

再现中国古典园林建筑之美。舣舟亭实景见图 6.5-44。

(8) 雕塑小品

以铜铸人物雕塑小品体现东市河在历史上曾有的繁华热闹，人来车往的市井景象。雕塑小品实景见图 6.5-45。

(9) 树池坐凳、花坛

设计中以人为本，将树池结合坐凳、花坛以各种形式展现。节假日加以草花烘托热烈气氛。树池实景图见图 6.5-46，坐凳实景见图 6.5-47。

图 6.5-44　舣舟亭实景图

图 6.5-45 雕塑小品实景图

(a)　　　　　　　　　　　　　　(b)

图 6.5-46 树池实景图

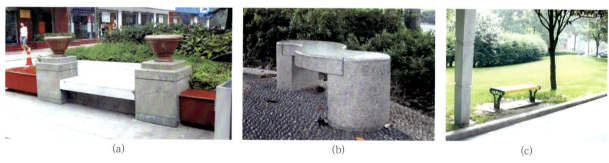

(a)　　　　　　　　　(b)　　　　　　　　　(c)

图 6.5-47 坐凳实景图

(10) 围墙改造

放弃原有完全通透或完全实体的围墙，选用了半墙结合的围墙形式将东坡公园内的景色透出来，又配上半墙体现古典园林的韵味，以符合延陵路打造千年文化大道的宗旨。围墙实景见图 6.5-48。

图 6.5-48　围墙实景图

(11) 园路

在街头绿化中辅以林荫小道供游人休闲游玩之用，设计中最大程度体现以人为本的设计理念。园路实景见图 6.5-49。

(12) 古桥

原有的旧石桥加以巩固，使其修旧如旧。古桥实景见图 6.5-50。

(13) 码头

配合水上游览路线，于东市河多处设置码头供水上游客上下游船之用，局部加长加宽形成二级亲水平台。码头实景见图 6.5-51。

(14) 龙城象教

洪亮吉《云溪竞渡词》有"自古兰陵号六龙"之称。龙城象教喻为常州为文人荟萃、重教重礼之所在地。龙城象教实景见图 6.5-52。

2）绿化

延陵东路绿化以银杏为主，辅以金桂、红桃、绿柳、水杉，在各类灌木花草的衬托下，营造出一种生机盎然的美景。延陵路绿化实景见图 6.5-53。

图 6.5-49　园路实景图

(a)

(b)

图 6.5-50　古桥实景图

图 6.5-51　码头实景图

图 6.5-52　龙城象教实景图

图 6.5-53　延陵路绿化实景图

6.6 扬州文昌西路延伸工程

1. 道路规划设计

扬州市位于江苏中部,南临长江,北接淮水,中贯京杭大运河,是长江三角洲重要的对外开放城市之一。扬州因"州界多水,水扬波"而名。自春秋战国时期吴王夫差开邗沟、筑邗城,扬州已有近2500年历史。古城扬州初兴于汉代,繁盛于唐代,鼎盛于清代,曾是中国东南部最具有国际影响的城市。

按照江泽民同志"把扬州建设成为古代文化与现代文明交相辉映的名城"的题词要求,近年来扬州市委、市政府始终把打造城市优美环境、提升城市形象品位、改善城市人居质量作为工作的出发点和落脚点。根据扬州城市发展的总体规划,由于老城区发展空间相对有限,因此新辟了14.2km²的区域,以建成扬州的政治、文化、休闲、商贸、商务为中心的新城西区。为与定位为城市副中心的新城西区发展相适应,便规划将扬州东西向的主干路文昌西路向西延伸。这样,文昌西路延伸段便成为连接扬州新老城区不可替代的城市交通主干路。

文昌西路延伸段结合了现状地形地貌及周边规划用地性质,在满足交通需要的基础上,与周围环境有机结合,是一条生态景观大道。它体现了地方特色的历史文脉,尊重了自然与生态,体现以人为本的设计理念,以满足今后可持续发展的要求。

文昌西路延伸段东起润扬路,西至西北绕城高速公路,道路全长4072.129m,道路红线宽度为110m,设计车速为每小时60km。道路路幅设置为:20m中央绿化分隔带+2×11.5m机动车道+2×2m侧分带+2×5.5m非机动车道+2×20m绿化带+2×6m人行道=110m。工程实行统一规划,统一施工,将供电、电信、有线电视线路埋置于地下,消除影响城市景观的空中障碍。

道路线形及纵断面坚持从实际出发,有效地结合了现场地形,从创建国家园林城市、最佳人居环境城市的目标和要求出发,突出以人为本的理念,营造优美的城市环境,体现历史文化名城的品牌价值。扬州文昌西路道路横断面见图6.6-1。

图6.6-1 道路横断面

2. 道路主体设施

文昌西路延伸段作为城市主干路，为保证高效安全的使用性能，机动车道设置了中央绿化分隔带，消除车辆上下行的干扰。沿途在人口密集处设置了公交停靠港湾，保证乘客的安全，并且避免车辆行驶的冲突。在道路交叉口处，为了增大转向通行量，在绿化带内增设了左转车道。在路面材料的选择上，根据多年建设的经验，机动车道与非机动车道均采用了沥青混凝土路面结构，使其具有行车舒适性强，视觉效果连续，易与周边环境协调的优点。道路主体设施有关情况见图6.6-2～图6.6-10。

图6.6-2 文昌西路延伸工程

图6.6-3 左转车道

图6.6-4 明月湖大桥

图6.6-5 文昌西路、润扬路交叉口地下通道

图6.6-6 火车站前广场地下通道

图6.6-7 港湾式公交站台

图 6.6-8　人行道、无障碍通道石材路面

图 6.6-9　路面雨水口

图 6.6-10　路面雨水检查井

文昌西路延伸工程人行道采取无障碍设计，增设盲道、残疾人通道；人行道板全部采用石料铺砌。侧缘石全部采用五莲红花岗岩石材，提升了文昌西路延伸段整体品质。

本工程区位地势较为平坦，道路纵坡较小，依靠纵坡排水效果不佳，因而主要靠设置道路横坡排水。文昌西路延伸段沿路有学校、展馆、商贸居住区、火车站等多种公用建筑设施，在其出入口道路设计时，为不使地面雨水进入其场地，各入口处采用反向坡，低点设在沿线雨水口上。

本工程绿化率达60%，绿化带内地表渗水对路基影响较大。为保证路基的稳定性，在绿化带内设置盲沟，汇集后排入雨水排放系统。

文昌西路延伸工程在实施过程中，从大处着眼，小处着手，务求每个细部的设计都一丝不苟、精益求精。在文昌西路延伸段道路照明设计中，为满足城市亮化功能，同时着力体现扬州城市古韵遗风与现代风尚交相辉映的地方特色，道路照明全路段安装造型精美、光效高的不锈钢伞型路灯，设置了人行道步道灯、绿化岛地灯、轮廓灯，在沿街标志性建筑、公共建筑上统一增设霓虹灯、泛光灯及造型别致的彩灯。路灯见图6.6-11～图6.6-16。

桥梁在塑造城市道路风格中扮演着重要的角色。沿线明月湖大桥是文昌西路延伸段的重要组成部分，也是新城西区的标志性建筑之一。它以其简洁现代、线形流畅的特点，与周边景观良好地结合为一体。明月湖大桥见图6.6-17。

根据创建国家园林城市、最佳人居环境城市的目标和要求，文昌西路延伸工程沿线公共建筑及附属设施经过多方论证及比选，采用了具有现代化气息及扬州特色的优秀方案，如体育公园、仿古公交站台等，给沿线景观增加了更多有机元素，突出了古代文化与现代文明交相辉映的特点。体育公园远景见图6.6-18，仿古公交站台见图6.6-19。

图6.6-11　伞型路灯

部分城市工程实例分析 151

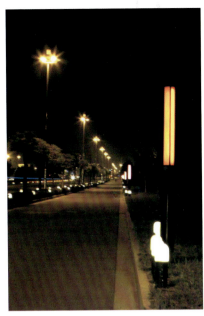

图 6.6-12　步道灯

图 6.6-13　草坪灯

图 6.6-14　明月湖大桥桥灯

图 6.6-15　明月湖大桥夜景

图 6.6-16　明月湖夜景

图 6.6-17　明月湖大桥

图 6.6-18　体育公园远景

图 6.6-19　仿古公交站台

3. 道路绿化

文昌西路延伸段作为扬州市景观大道绿化的样板段，在地形的生态环境处理、景观林带的树种选择和生态群落组合及配置等方面加以重点考虑及精心构思，其突出的道路绿带的景观性、生态性体现在以下方面：

在文昌西路延伸段绿化带中，将乔灌草因地制宜配置在一个群落中，群落间相互协调，有复合的层次及相宜的季相色彩，同时大量的群落景观与个体景观的结合，充分利用植物群落的林冠线及群体的色彩、季相和形体的关系、做到简洁而不单调,变化而不零乱。对于生态地形的处理,就道路中心绿岛和两侧绿带地形条件不同,对其地形的整理采用了两种不同的做法。中心绿岛采取了中间高,两边低,辅以不规则1~2m高度小坡的小地形处理手法,方便地被小灌木造型表现,同时保证视线的通透性。在两侧绿带的地形处理上,将部分各自为战、孤单无联系的山坡在纵向上与原有山坡紧密联系,形成了一幅高低连绵起伏变化的基础地形。在树种的选择上,以乔木特别是常绿乔木、造型乔木为主体,辅以各种灌木、地被、花草等,构成复合式混交林群落,群落上层为高大乔木,以香樟、女贞、造型朴树、榆树等,中层以小乔木及开花灌木为主,间隙点以球类,底层植被以小灌木大面积飘带状栽植,形成树种多、层次丰富、观赏好的植物组合群落。

小叶女贞球组成的流线型的球状飘带与小灌木形成了一定高差,增加了整体的层次感。中央隔离带绿化见图6.6-20。

3株造型榔榆作为主景及最高点,中层由紫荆、红枫片状栽植进行衬托,底层由红花檵木、龟甲冬青、杜鹃等组成平面飘带形式,辅以红花檵木球、茶花球点缀其间,形成了高低错落的景观和丰富的色彩。中央隔离带绿化形式一见图6.6-21。

图6.6-20 中央隔离带绿化

图6.6-21 中央隔离带绿化形式一

在自然式栽植的绿化带内,辅以流线状栽植的彩色灌木构成美丽的彩虹穿插其间,显示其大手笔、大气魄。中央隔离带绿化形式二见图6.6-22。

快慢车道隔离带以干径18~20cm香樟为骨干树种,地被以小叶黄杨及龟甲冬青组成规则的图案,与两侧绿地紧密结合,形成一个比较完整的景观。快慢车道隔离带绿化见图6.6-23。

以明月湖石为主景,全冠造型女贞为远景,明月湖为大背景,前景点缀大紫薇,三者紧密结合,形成不同层面的景观。两侧绿化带形式一见图6.6-24。

此处以香樟、女贞片状组合形成背景,中层以桂花、紫薇点缀,辅以彩色小灌木金叶女贞、红花檵木、金边黄杨等,构成丰富的色彩景观。两侧绿化带形式二见图6.6-25。

4. 道路附属设施

文昌西路延伸段道路交通管理设施根据《交通信号灯设置与安装规范》(GB 14886-2006)设置了门式一体化直行、左转、右行信号灯,并且安装了电子警察;根据《道路交通标志和标线》(GB 5768-1999),设置了指路牌、机动车分向行驶标志、机非分离标志以及禁令标志、标线等。由于文昌西路是扬州西大门之一,因而在入口段设置了治安卡口。信号灯、标志等见图6.6-26~图6.6-31。

在公用设施方面,设置了废物箱、休憩凳、广告牌等,见图6.6-32、图6.6-33。

文昌西路延伸工程经过精心规划、设计、施工,于2004年4月16日,在"扬州烟花三月国际经贸旅游节"前建成通车,是扬州新城西区东西向的一条主轴线通道。它的建设美化了城市西部环境,有效拉动了城市西部片区经济和文化的发展。该工程环境特色鲜明,充分体现了先进、和谐、生态、人居的扬州城市环境新形象,得到广大市民和外地宾客的一致好评,是扬州市人民的迎宾大道!

图 6.6-22　中央隔离带绿化形式二

图 6.6-23　快慢车道隔离带绿化

图 6.6-24　两侧绿化带形式一

图 6.6-25　两侧绿化带形式二

图 6.6-26　门式一体化直行、左转、右行信号灯

图 6.6-27 电子警察

图 6.6-30 交通标线

图 6.6-28 机动车分向行驶标志

图 6.6-31 治安卡口

图 6.6-32 休憩凳

图 6.6-29 机非分离标志

图 6.6-33 广告牌

6.7 宿迁市发展大道改造工程

近年来,宿迁市的城市化进程发展迅猛,并提出了创建精品城市的理念,即规划设计三高(高起点、高标准、高品位)、建设管理三化(规范化、标准化、工艺化)、经营管理三精(精心、精细、精品),以贯彻落实精品城市创建工作。

1. 工程概况

发展大道是贯穿宿迁市区的一条城市主干路,位于宿迁城市主轴线上,北起骆马湖穿越湖滨新城区,横跨京杭大运河,连接合欢路、凤场路、洪泽湖路、黄运路、威海路等多条城市主干路,南至淮宿徐高速公路,全长约20km,是宿迁主要的南北快速通道,城市的主要窗口(图6.7-1)。

(a)   (b)

图6.7-1 发展大道道改造工程路景

1) 工程改造前状况

发展大道为嵌入式沥青砖路面,规划红线24m,自20世纪90年代初分次实施完成,经过10多年的交通运行,沥青混凝土已经出现大面积拥包、隆起、裂缝、起层现象,局部维修作用已不明显。随着中心城市的快速发展,交通的弊端已经显现,同时发展大道作为宿迁义乌国际商贸城大型工程的配套市政基础设施工程,已无力承担经济快速发展而增加的交通运输等功能。

2) 工程改造方案

(1) 道路改造

按新的规划设计方案,拆除原道路两侧的花坛,在原道路两侧各增加5m道路结构层二灰碎石施工至原道路层下6cm,沥青摊铺至原道路面层,对原道路的拥包、隆起、裂缝部位,进行维修、补强处理,然后统一摊铺4cm沥青混凝土。

(2) 桥梁新建

为了保证发展大道主线贯通,在京杭大运河上新建了一座长2.3km的大桥,大桥采用预应力连续梁结构,造型美观,与改造后的道路相协调。新建桥梁见图6.7-2。

2. 道路横断面

本工程规划红线61m;采用22m快车道;两侧各4m绿岛;两侧各7.5m慢车道;两侧各2.5m人行道;两侧各5.5m绿化带;机动车、非机动车、行人,各行其道,断面划分较为合理、清楚。见图6.7-3、图6.7-4。路面结构见图6.7-5。

图 6.7-2　新建大桥　　　　　　　　　图 6.7-3　道路横断面实景

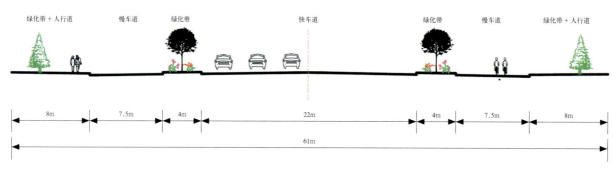

图 6.7-4　道路横断面设计

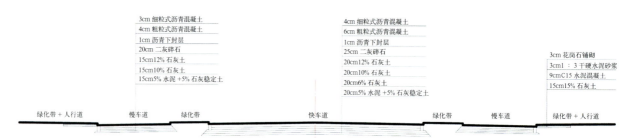

图 6.7-5　路面结构

3. 人行道铺装

人行道铺装见图 6.7-6。

4. 平侧石铺装

侧石采用花岗石，平石采用新型预制混凝土，凹槽式结构，保证路面不积水。

平侧石铺装见图 6.7-7。

5. 无障碍设施

无障碍设施见图 6.7-8。

6. 公交站台

发展大道公交站台设置在慢车道上，设计为港湾式，面层采用彩石混凝土，红黑相间特别醒目。公交站台见图 6.7-9。

图 6.7-6 人行道铺装

(a)   (b)

图 6.7-7 平侧石铺装

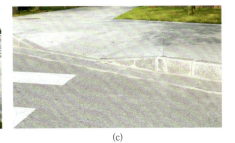

(a)   (b)   (c)

图 6.7-8 无障碍设施

(a)   (b)

(c)   (d)

图 6.7-9 公交站台

7. 交通标志线、标牌、标志

发展大道标志线主要采用热熔标线,快车道采用双黄振荡标线,见图 6.7-10。

8. 路边景观

路边景观如图 6.7-11 所示。

(a)

(a)

(b)

(b)

(c)

图 6.7-10 交通标志

(c)

图 6.7-11 路边景观

附录A 路面结构层组合

[摘自《城市道路标准图集》（苏 I01-2002）]

A.1 沥青混凝土路面结构层

快速路结构形式一　　　　　　　　　　　　　　　　　　　表 A.1-1

道路分类	快速路			
土基回弹模量 E_0(MPa)	22			
设计弯沉 (1/100mm)	20.3	22.9	26.7	29.0
路面结构 结构代号	LJ1-1-1	LJ2-1-1	LJ3-1-1	LJ4-1-1
路面结构 结构图式	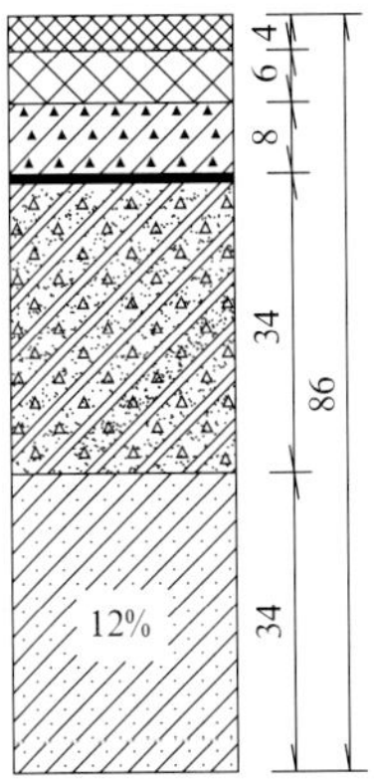 6,4,8 / 34 / 34 / 86 总厚，12%	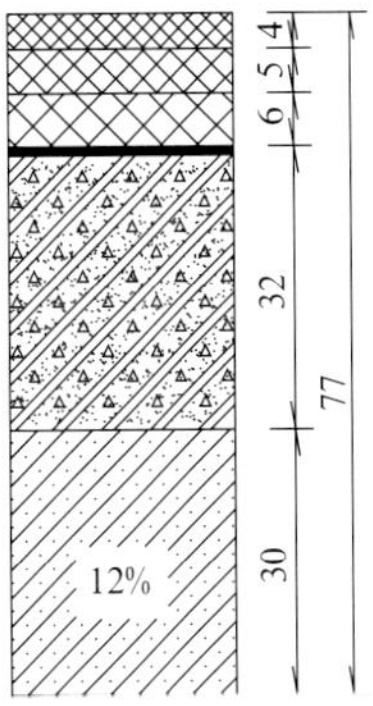 6,5,4 / 32 / 30 / 77，12%	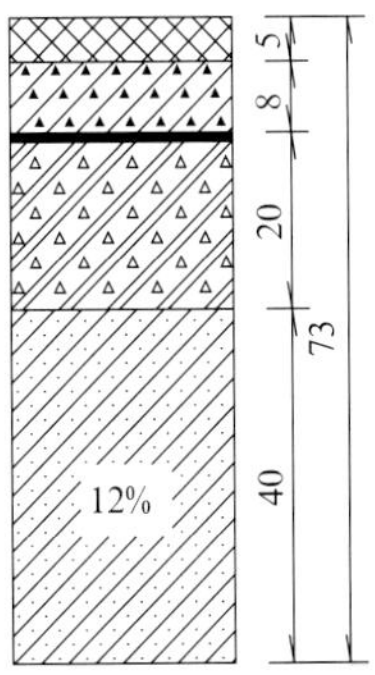 8,5 / 20 / 40 / 73，12%	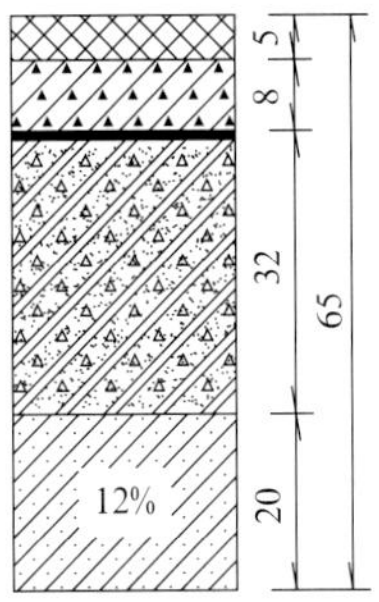 8,5 / 32 / 20 / 65，12%

图例：
- AC-13 细粒式沥青混凝土
- AC-16 中粒式沥青混凝土
- AC-20 中粒式沥青混凝土
- AC-25 粗粒式沥青混凝土
- 沥青封层
- 二灰碎石（水泥稳定碎石）
- 石灰土 12%

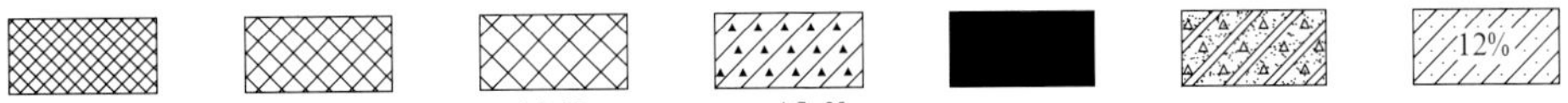

说明：
1. 图中尺寸以厘米（cm）计；
2. 沥青封层厚度未计入

快速路结构形式二 表 A.1-2

道路分类	快速路			
土基回弹模量 E_0(MPa)	26			
设计弯沉(1/100mm)	20.3	21.4	27.0	28.8
路面结构 结构代号	LJ1-1-2	LJ2-1-2	LJ3-1-2	LJ4-1-2

路面结构图式尺寸（cm）：
- LJ1-1-2：4/6/8/32/32，总厚82
- LJ2-1-2：4/6/8/32/30，总厚77
- LJ3-1-2：5/8/32/20，总厚65
- LJ4-1-2：5/8/20/32，总厚65

图例：AC-13 细粒式沥青混凝土；AC-16 中粒式沥青混凝土；AC-20 中粒式沥青混凝土；AC-25 粗粒式沥青混凝土；沥青封层；二灰碎石（水泥稳定碎石）；石灰土(12%)

说明：
1. 图中尺寸以厘米（cm）计；
2. 沥青封层厚度未计入

快速路结构形式三 表 A.1-3

道路分类	快速路			
土基回弹模量 E_0(MPa)	30			
设计弯沉(1/100mm)	21.0	23.5	28.1	29.6
路面结构 结构代号	LJ1-1-3	LJ2-1-3	LJ3-1-3	LJ4-1-3

路面结构图式尺寸（cm）：
- LJ1-1-3：4/6/8/36/20，总厚74
- LJ2-1-3：4/6/8/32/20，总厚67
- LJ3-1-3：5/8/20/30，总厚63
- LJ4-1-3：5/8/18/30，总厚61

图例：AC-13 细粒式沥青混凝土；AC-16 中粒式沥青混凝土；AC-20 中粒式沥青混凝土；AC-25 粗粒式沥青混凝土；沥青封层；二灰碎石（水泥稳定碎石）；石灰土(12%)

说明：
1. 图中尺寸以厘米（cm）计；
2. 沥青封层厚度未计入

快速路结构形式四

表 A.1-4

道路分类		快 速 路			
土基回弹模量 E_0(MPa)		38			
设计弯沉(1/100mm)		19.1	21.3	26.8	28.5
路面结构	结构代号	LJ1-1-5	LJ2-1-5	LJ3-1-5	LJ4-1-5
	结构图式	6/4/8/36/20 总74	6/5/4/32/20 总67	8/5/18/30 总61	6/5/4/20/20 总55
图例		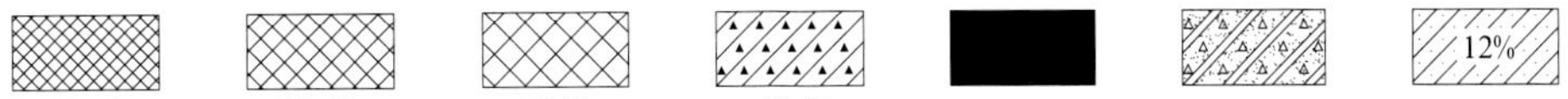 AC-13 细粒式沥青混凝土　AC-16 中粒式沥青混凝土　AC-20 中粒式沥青混凝土　AC-25 粗粒式沥青混凝土　沥青封层　二灰碎石(水泥稳定碎石)　石灰土			
说明		1. 图中尺寸以厘米(cm)计； 2. 沥青封层厚度未计入			

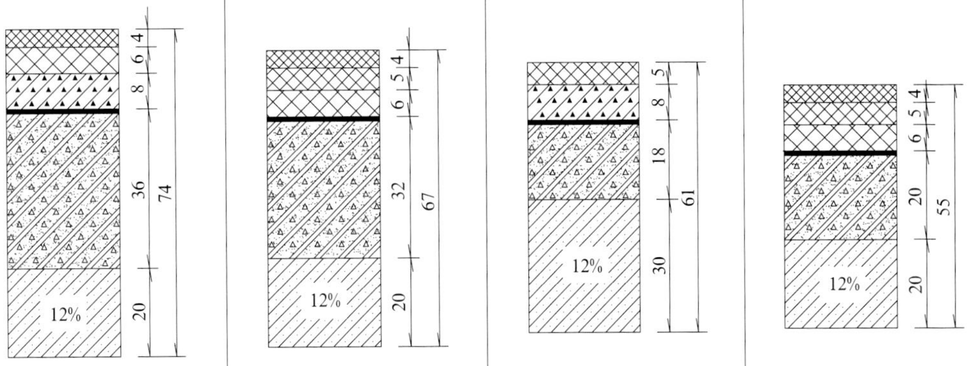

快速路结构形式五

表 A.1-5

道路分类		快 速 路			
土基回弹模量 E_0(MPa)		38			
设计弯沉(1/100mm)		19.1	21.3	26.8	28.5
路面结构	结构代号	LJ1-1-5	LJ2-1-5	LJ3-1-5	LJ4-1-5
	结构图式	6/4/8/36/20 总74	6/5/4/32/20 总67	8/5/18/30 总61	6/5/4/20/20 总55
图例		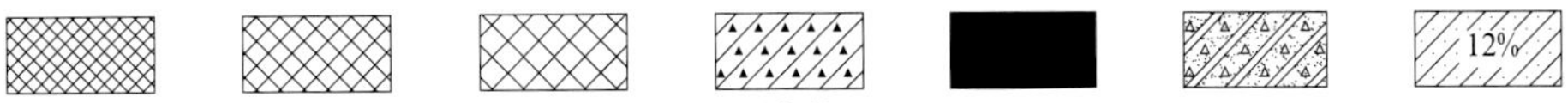 AC-13 细粒式沥青混凝土　AC-16 中粒式沥青混凝土　AC-20 中粒式沥青混凝土　AC-25 粗粒式沥青混凝土　沥青封层　二灰碎石(水泥稳定碎石)　石灰土			
说明		1. 图中尺寸以厘米(cm)计； 2. 沥青封层厚度未计入			

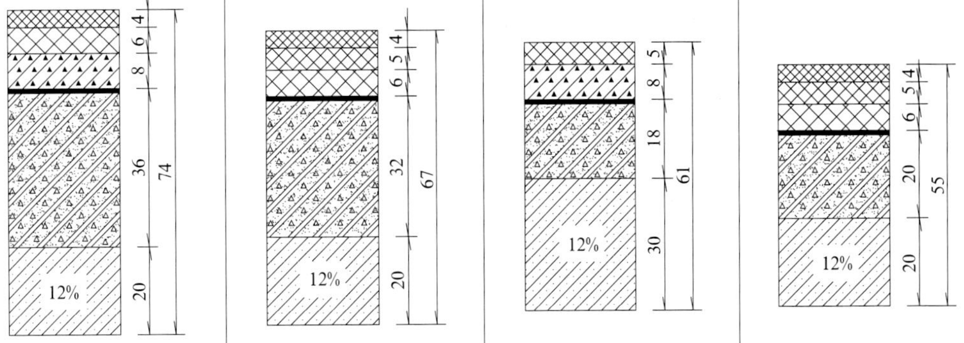

主干路结构形式一   表 A.1-6

道路分类		主 干 路			
土基回弹模量 E_0(MPa)		22			
设计弯沉 (1/100mm)		24.9	30.9	35.6	42
路面结构	结构代号	LJ5-1-1	LJ6-1-1	LJ7-1-1	LJ8-1-1
	结构图式	6, 5, 4 / 20 / 40 / 75 (12%)	8, 5 / 20 / 32 / 65 (12%)	8, 5 / 16 / 30 / 59 (12%)	6, 4 / 20 / 20 / 50 (12%)
图例		AC-13 细粒式沥青混凝土 / AC-16 中粒式沥青混凝土 / AC-20 中粒式沥青混凝土 / AC-25 粗粒式沥青混凝土 / 沥青封层 / 二灰碎石（水泥稳定碎石） / 12% 石灰土			
说明		1. 图中尺寸以厘米（cm）计； 2. 沥青封层厚度未计入			

主干路结构形式二   表 A.1-7

道路分类		主 干 路			
土基回弹模量 E_0(MPa)		26			
设计弯沉 (1/100mm)		25.0	31.4	37.0	41.4
路面结构	结构代号	LJ5-1-2	LJ6-1-2	LJ7-1-2	LJ8-1-2
	结构图式	6, 5, 4 / 32 / 20 / 67 (12%)	8, 5 / 18 / 30 / 61 (12%)	8, 5 / 20 / 20 / 53 (12%)	6, 4 / 18 / 20 / 48 (12%)
图例		AC-13 细粒式沥青混凝土 / AC-16 中粒式沥青混凝土 / AC-20 中粒式沥青混凝土 / AC-25 粗粒式沥青混凝土 / 沥青封层 / 二灰碎石（水泥稳定碎石） / 12% 石灰土			
说明		1. 图中尺寸以厘米（cm）计； 2. 沥青封层厚度未计入			

主干路结构形式三 表A.1-8

道路分类		主　干　路			
土基回弹模量 E_0(MPa)		30			
设计弯沉(1/100mm)		25.1	31.1	36.2	41.3
路面结构	结构代号	LJ5-1-3	LJ6-1-3	LJ7-1-3	LJ8-1-3
路面结构	结构图式	6,5,4 / 20 / 32 / 67 (12%)	8,5 / 16 / 30 / 59 (12%)	8,5 / 20 / 18 / 51 (12%)	6,4 / 16 / 20 / 46 (12%)
图例		AC-13 细粒式沥青混凝土 / AC-16 中粒式沥青混凝土 / AC-20 中粒式沥青混凝土 / AC-25 粗粒式沥青混凝土 / 沥青封层 / 二灰碎石（水泥稳定碎石） / 石灰土			
说明		1. 图中尺寸以厘米（cm）计； 2. 沥青封层厚度未计入			

主干路结构形式四 表A.1-9

道路分类		主　干　路			
土基回弹模量 E_0(MPa)		34			
设计弯沉(1/100mm)		24.2	32.7	36.3	41.5
路面结构	结构代号	LJ5-1-4	LJ6-1-4	LJ7-1-4	LJ8-1-4
路面结构	结构图式	6,5,4 / 32 / 15 / 65 (12%)	8,5 / 20 / 20 / 53 (12%)	8,5 / 18 / 18 / 49 (12%)	6,4 / 18 / 15 / 43 (12%)
图例		AC-13 细粒式沥青混凝土 / AC-16 中粒式沥青混凝土 / AC-20 中粒式沥青混凝土 / AC-25 粗粒式沥青混凝土 / 沥青封层 / 二灰碎石（水泥稳定碎石） / 石灰土			
说明		1. 图中尺寸以厘米（cm）计； 2. 沥青封层厚度未计入			

主干路结构形式五

表 A.1—10

道路分类		主 干 路			
土基回弹模量 E_0(MPa)		38			
设计弯沉(1/100mm)		24.8	31.1	36.7	42.2
路面结构	结构代号	LJ5-1-5	LJ6-1-5	LJ7-1-5	LJ8-1-5
	结构图式	6/5/4, 18, 30, 63, 12%	8/6/5, 20, 20, 53, 12%	8/5, 16, 18, 47, 12%	6/4, 16, 15, 41, 12%
	图例	AC-13 细粒式沥青混凝土；AC-16 中粒式沥青混凝土；AC-20 中粒式沥青混凝土；AC-25 粗粒式沥青混凝土；沥青封层；二灰碎石(水泥稳定碎石)；石灰土 12%			
说 明		1. 图中尺寸以厘米(cm)计； 2. 沥青封层厚度未计入			

次干路结构形式一

表 A.1—11

道路分类		次 干 路			
土基回弹模量 E_0(MPa)		22			
计算弯沉(1/100mm)		34.7	42.1	43.3	49.9
路面结构	结构代号	LJ9-1-1	LJ10-1-1	LJ11-1-1	LJ12-1-1
	结构图式	6/5, 18, 30, 59, 12%	6/4, 20, 20, 50, 12%	5/4, 20, 20, 49, 12%	5/7, 18, 20, 45, 12%
	图例	AC-13 细粒式沥青混凝土；AC-16 中粒式沥青混凝土；AC-20 中粒式沥青混凝土；AC-25 粗粒式沥青混凝土；沥青封层；二灰碎石(水泥稳定碎石)；石灰土 12%			
说 明		1. 图中尺寸以厘米(cm)计； 2. 沥青封层厚度未计入			

次干路结构形式二

表 A.1-12

道路分类	次 干 路				
土基回弹模量 E_0(MPa)	26				
计算弯沉(1/100mm)	34.1	38.9	42.7	49.5	
路面结构	结构代号	LJ9-2-1	LJ10-2-1	LJ11-2-1	LJ12-2-1
	结构图式	6,5 / 16 / 30 / 57 / 12%	6,4 / 20 / 20 / 50 / 12%	5,4 / 18 / 20 / 47 / 12%	7 / 16 / 20 / 43 / 12%

图例：AC-13 细粒式沥青混凝土；AC-16 中粒式沥青混凝土；AC-20 中粒式沥青混凝土；AC-25 粗粒式沥青混凝土；沥青封层；二灰碎石（水泥稳定碎石）；石灰土

说明：
1. 图中尺寸以厘米（cm）计；
2. 沥青封层厚度未计入

次干路结构形式三

表 A.1-13

道路分类	次 干 路				
土基回弹模量 E_0(MPa)	30				
计算弯沉(1/100mm)	35.7	38.7	42.6	49.0	
路面结构	结构代号	LJ9-1-3	LJ10-1-3	LJ11-1-3	LJ12-1-3
	结构图式	6,5 / 20 / 20 / 51 / 12%	6,4 / 18 / 20 / 48 / 12%	5,4 / 16 / 20 / 45 / 12%	7 / 16 / 18 / 41 / 12%

图例：AC-13 细粒式沥青混凝土；AC-16 中粒式沥青混凝土；AC-20 中粒式沥青混凝土；AC-25 粗粒式沥青混凝土；沥青封层；二灰碎石（水泥稳定碎石）；石灰土

说明：
1. 图中尺寸以厘米（cm）计；
2. 沥青封层厚度未计入

次干路结构形式四

表 A.1-14

道路分类	次 干 路			
土基回弹模量 E_0(MPa)	34			
计算弯沉 (1/100mm)	33.7	38.4	42.7	50.4
路面结构 / 结构代号	LJ9-1-4	LJ10-1-4	LJ11-1-4	LJ12-1-4
路面结构 / 结构图式	6.5 / 20 / 20 (12%) 总51	6.4 / 18 / 18 (12%) 总46	5.4 / 16 / 18 (12%) 总43	7 / 16 / 15 (12%) 总38

图例：AC-13 细粒式沥青混凝土；AC-16 中粒式沥青混凝土；AC-20 中粒式沥青混凝土；AC-25 粗粒式沥青混凝土；沥青封层；二灰碎石（水泥稳定碎石）；石灰土

说明：
1. 图中尺寸以厘米（cm）计；
2. 沥青封层厚度未计入

次干路结构形式五

表 A.1-15

道路分类	次 干 路			
土基回弹模量 E_0(MPa)	38			
计算弯沉 (1/100mm)	33.5	39.3	43.7	47.7
路面结构 / 结构代号	LJ9-1-5	LJ10-1-5	LJ11-1-5	LJ12-1-5
路面结构 / 结构图式	6.5 / 20 / 18 (12%) 总49	6.4 / 18 / 15 (12%) 总43	5.4 / 16 / 15 (12%) 总40	7 / 16 / 15 (12%) 总38

图例：AC-13 细粒式沥青混凝土；AC-16 中粒式沥青混凝土；AC-20 中粒式沥青混凝土；AC-25 粗粒式沥青混凝土；沥青封层；二灰碎石（水泥稳定碎石）；石灰土

说明：
1. 图中尺寸以厘米（cm）计；
2. 沥青封层厚度未计入

支路及非机动车道结构形式一

表 A.1-16

道路分类	支　　路			非机动车道	
土基回弹模量 E_0(MPa)	22				
计算弯沉(1/100mm)	45.6	49.9	53.7	57.3	62.8
路面结构 — 结构代号	LJ13-1-1	LJ14-1-1	LJ15-1-1	LJ16-1-1	LJ17-1-1

路面结构图式（见图）

图例：AC-13 细粒式沥青混凝土；AC-16 中粒式沥青混凝土；AC-20 中粒式沥青混凝土；AC-25 粗粒式沥青混凝土；沥青封层；二灰碎石（水泥稳定碎石）；石灰土

说明：
1. 图中尺寸以厘米（cm）计；
2. 沥青封层厚度未计入

支路及非机动车道结构形式二

表 A.1-17

道路分类	支　　路			非机动车道	
土基回弹模量 E_0(MPa)	26				
计算弯沉(1/100mm)	45.0	49.5	52.5	52.8	55.7
路面结构 — 结构代号	LJ13-1-2	LJ14-1-2	LJ15-1-2	LJ16-1-2	LJ17-1-2

路面结构图式（见图）

图例：AC-13 细粒式沥青混凝土；AC-16 中粒式沥青混凝土；AC-20 中粒式沥青混凝土；AC-25 粗粒式沥青混凝土；沥青封层；二灰碎石（水泥稳定碎石）；石灰土

说明：
1. 图中尺寸以厘米（cm）计；
2. 沥青封层厚度未计入

支路及非机动车道结构形式三

表 A.1-18

道路分类	支　　　路			非 机 动 车 道	
土基回弹模量 E_0(MPa)	30				
计算弯沉 (1/100mm)	45.1	49.0	53.7	49.1	53.7
结构代号	LJ13-1-3	LJ14-1-3	LJ15-1-3	LJ16-1-3	LJ17-1-3

路面结构结构图式：（见图）

图例：
- AC-13 细粒式沥青混凝土
- AC-16 中粒式沥青混凝土
- AC-20 中粒式沥青混凝土
- AC-25 粗粒式沥青混凝土
- 沥青封层
- 二灰碎石（水泥稳定碎石）
- 12% 石灰土

说明：
1. 图中尺寸以厘米（cm）计；
2. 沥青封层厚度未计入

支路及非机动车道结构形式四

表 A.1-19

道路分类	支　　　路		非 机 动 车 道	
土基回弹模量 E_0(MPa)	34			
计算弯沉 (1/100mm)	46.2	50.4	46.2	50.4
结构代号	LJ13-1-4	LJ14-1-4	LJ16-1-4	LJ17-1-4

路面结构结构图式：（见图）

图例：
- AC-13 细粒式沥青混凝土
- AC-16 中粒式沥青混凝土
- AC-20 中粒式沥青混凝土
- AC-25 粗粒式沥青混凝土
- 沥青封层
- 二灰碎石（水泥稳定碎石）
- 12% 石灰土

说明：
1. 图中尺寸以厘米（cm）计；
2. 沥青封层厚度未计入

支路及非机动车道结构形式五

表 A.1-20

道路分类		支　　　路		非　机　动　车　道	
土基回弹模量 E_0(MPa)		38			
计算弯沉 (1/100mm)		43.7	47.7	43.7	47.7
路面结构	结构代号	LJ13-1-5	LJ14-1-5	LJ16-1-5	LJ17-1-5
	结构图式	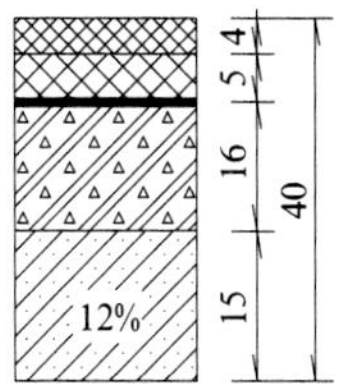 5/4/16/15 40 12%	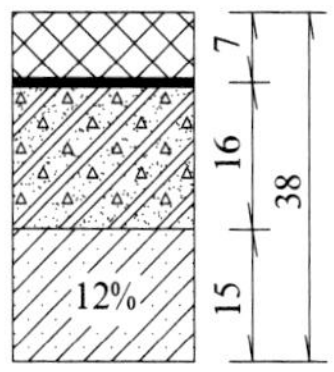 7/16/15 38 12%	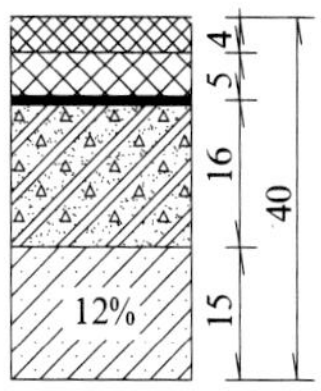 5/4/16/15 40 12%	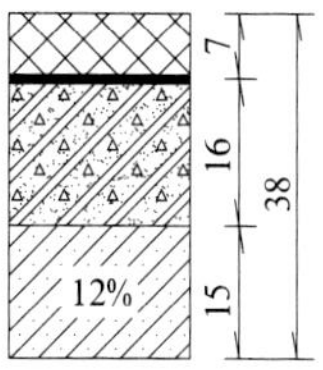 7/16/15 38 12%
图例		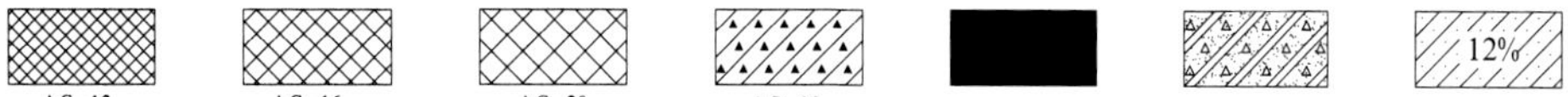 AC-13 细粒式沥青混凝土　AC-16 中粒式沥青混凝土　AC-20 中粒式沥青混凝土　AC-25 粗粒式沥青混凝土　沥青封层　二灰碎石（水泥稳定碎石）　石灰土			
说明		1. 图中尺寸以厘米（cm）计； 2. 沥青封层厚度未计入			

块材铺砌结构形式一

表 A.1-21

道路分类		人　行　道			
混凝土砖规格		25×25	25×25	30×30	30×30
路面结构	结构代号	PJ1	PJ2	PJ3	PJ4
	结构图式	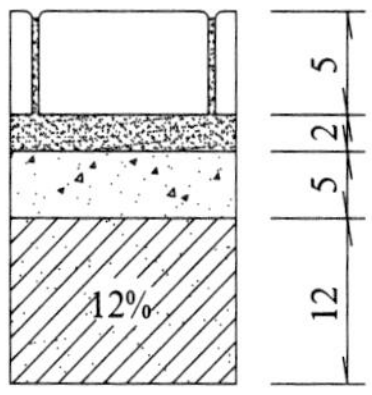 5/5/2/12 12%	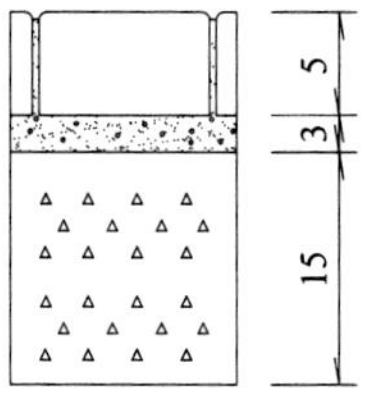 5/3/15	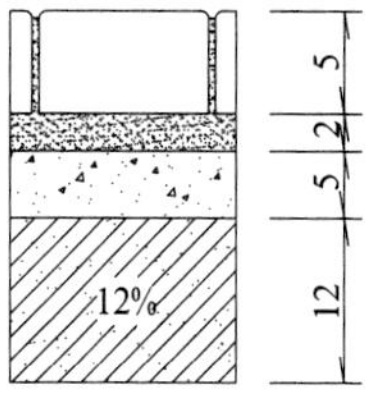 5/5/2/12 12%	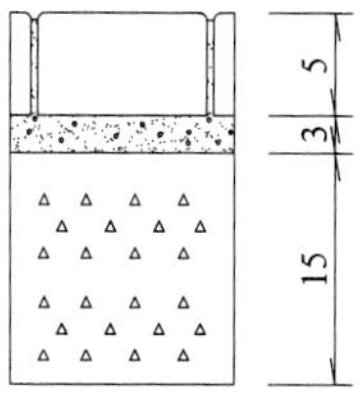 5/3/15
图例		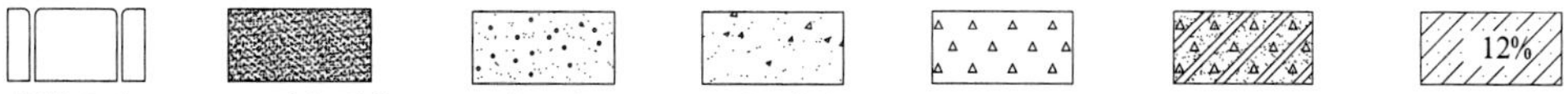 混凝土砖　M10 水泥砂浆　中砂　C15 水泥混凝土　级配碎石　二灰碎石　石灰土			
说明		图中尺寸以厘米（cm）计			

块材铺砌结构形式二 表 A.1-22

道路分类		人 行 道			
混凝土砖规格		40×40	40×40	25×12.5	25×12.5
路面结构	结构代号	PJ5	PJ6	PJ7	PJ8
	结构图式	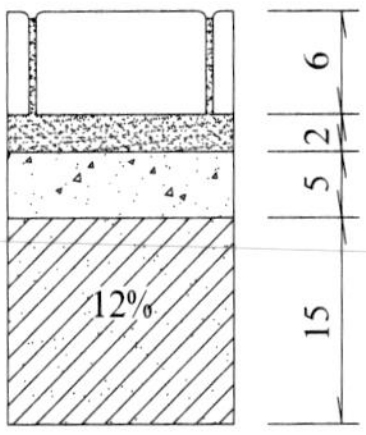 6/2/5/15, 12%	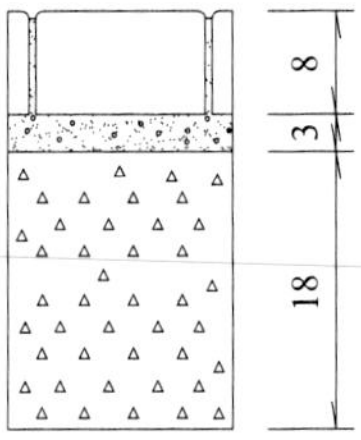 8/3/18, △	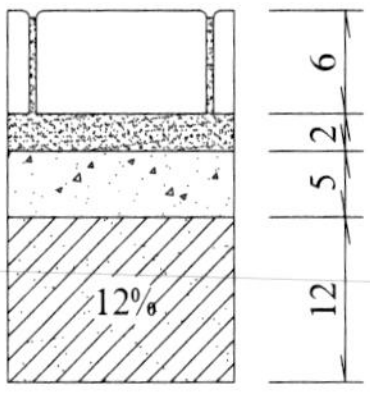 6/2/5/12, 12%	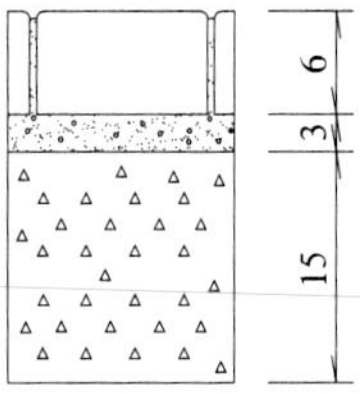 6/3/15, △
图例		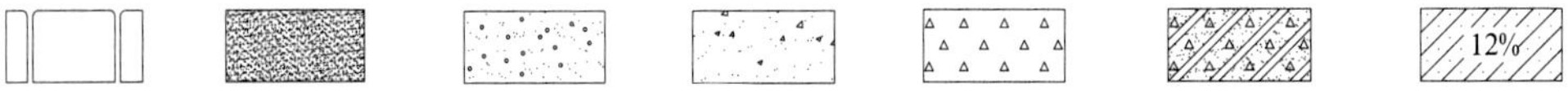 混凝土砖　M10水泥砂浆　中砂　C15水泥混凝土　级配碎石　二灰碎石　石灰土			
说明		图中尺寸以厘米（cm）计			

块材铺砌结构形式三 表 A.1-23

道路分类		步 行 广 场			
广场砖规格		25×12.5	25×12.5	10×10	10×10
路面结构	结构代号	PJ9	PJ10	PJ11	PJ12
	结构图式	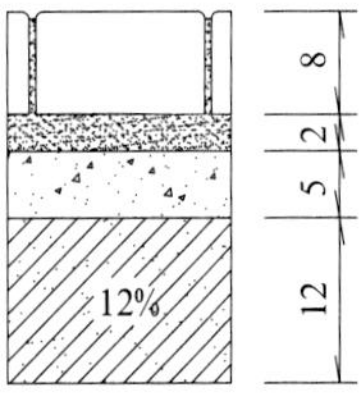 8/2/5/12, 12%	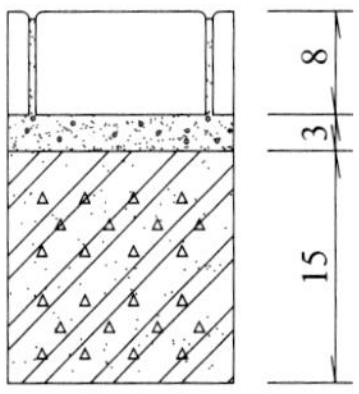 8/3/15, △	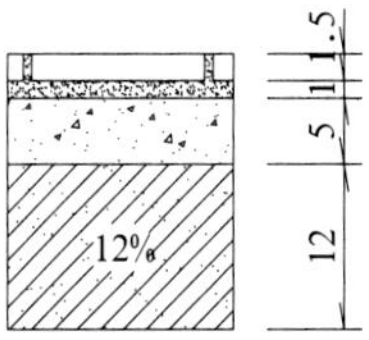 1.5/5/12, 12%	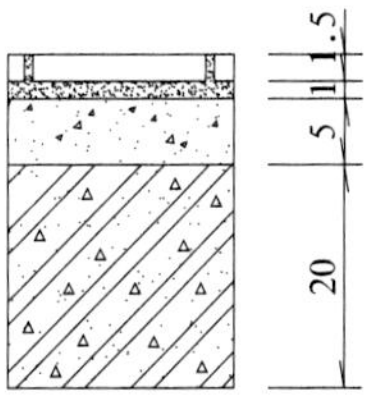 1.5/5/20, △
图例		 水泥混凝土砖　广场砖　M10水泥砂浆　C15水泥混凝土　二灰碎石　石灰土			
说明		图中尺寸以厘米（cm）计			

块材铺砌结构形式四 表 A.1-24

道路分类	支 路		小型车停车场	
混凝土砖规格	25×12.5	25×12.5	六角形 D=28.87	六角形 D=28.87
路面结构 结构代号	PJ11	PJ12	PJ13	PJ14
路面结构 结构图式	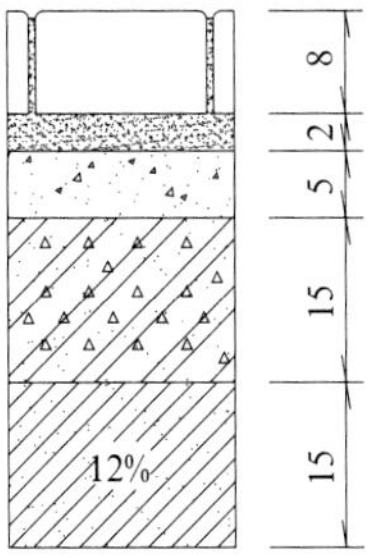 8/2/5/15/15/12%	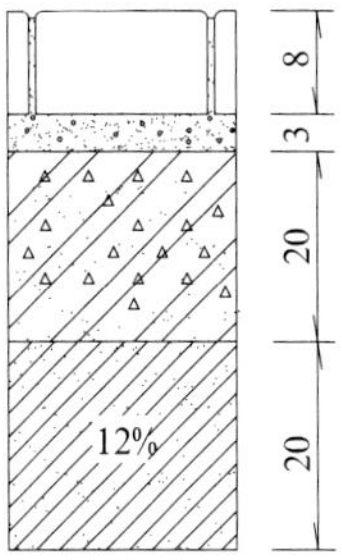 8/3/20/20/12%	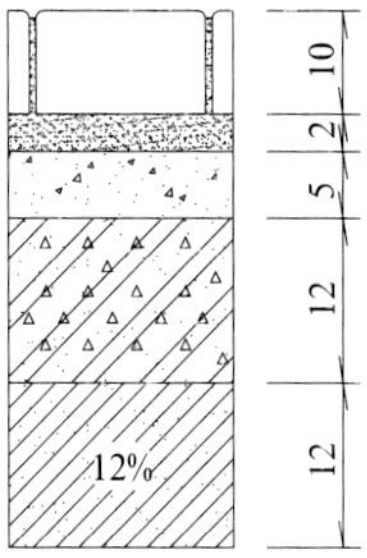 10/2/5/12/12/12%	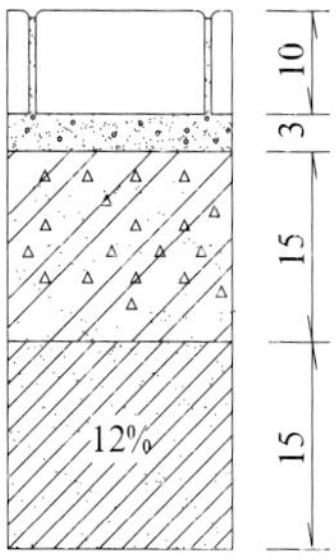 10/3/15/15/12%
图例	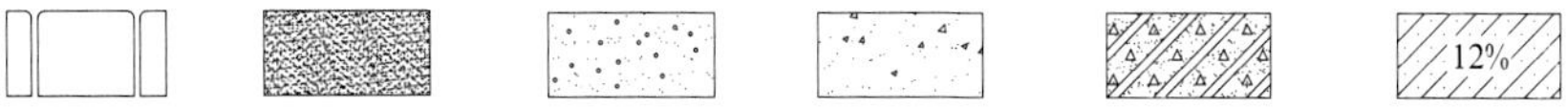 混凝土砖　M10水泥砂浆　中砂　C15水泥混凝土　二灰碎石　石灰土			
说明	图中尺寸以厘米（cm）计			

块材铺砌结构形式五 表 A.1-25

道路分类	停 车 场	
混凝土砖规格	25×25	25×25
路面结构 结构代号	PJ15	PJ16
路面结构 结构图式	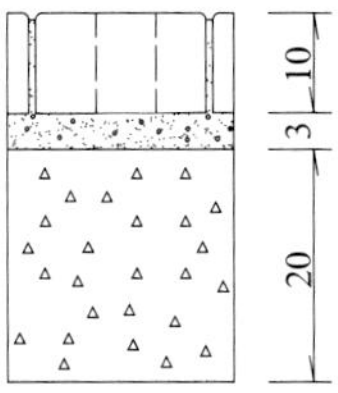 10/3/20	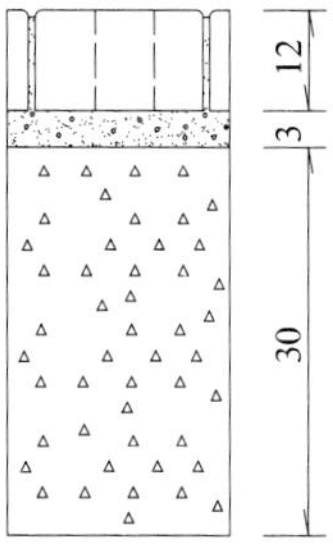 12/3/30
图例	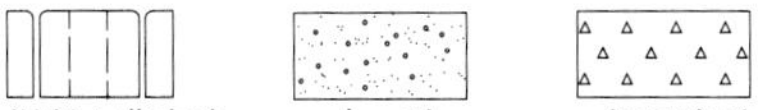 混凝土草皮砖　中砂　级配碎石	
说明	图中尺寸以厘米（cm）计	

块材铺砌结构形式六　　表 A.1-26

道路分类	停 车 场			
料石规格	60×40	60×40	60×40	60×40
结构代号	PJ17	PJ18	PJ19	PJ20
路面结构 结构图式	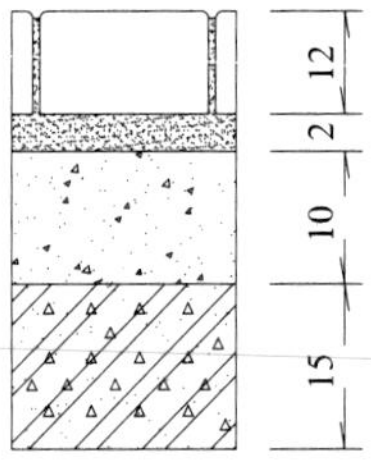 料石12 / M10水泥砂浆2 / C15水泥混凝土10 / 二灰碎石15	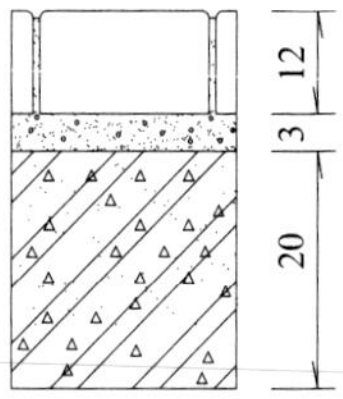 料石12 / M10水泥砂浆3 / C15水泥混凝土20	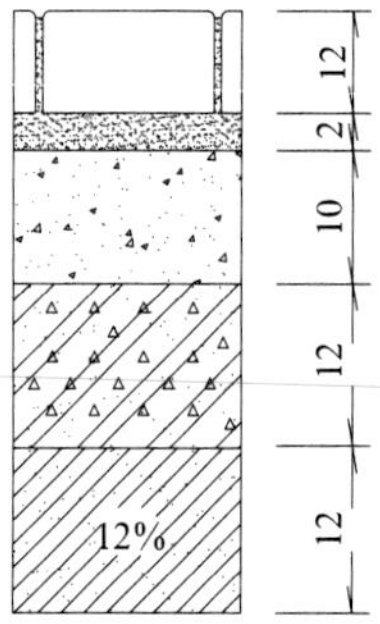 料石12 / M10水泥砂浆2 / C15水泥混凝土10 / 二灰碎石12 / 12%石灰土12	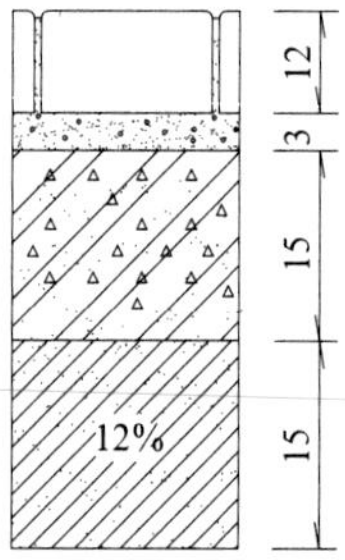 料石12 / M10水泥砂浆3 / C15水泥混凝土15 / 二灰碎石15 / 12%石灰土15
图例	 料石	M10水泥砂浆 / 中砂	C15水泥混凝土 / 二灰碎石	12% 石灰土
说明	图中尺寸以厘米(cm)计			

A.2 水泥混凝土路面结构层

水泥混凝土路面结构形式一　　表 A.2-1

交通等级	特　重			
混凝土设计强度(MPa)	5.0			
设计年限(年)	40			
是否设传力杆	设传力杆		不设传力杆	
结构代号	GJ1	GJ2	GJ3	GJ4
路面结构 结构图式	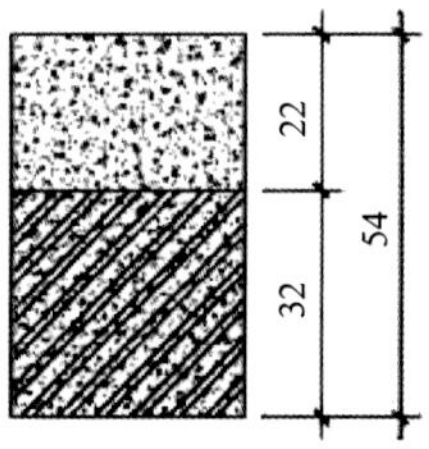 水泥混凝土22 / 二灰碎石32 (54)	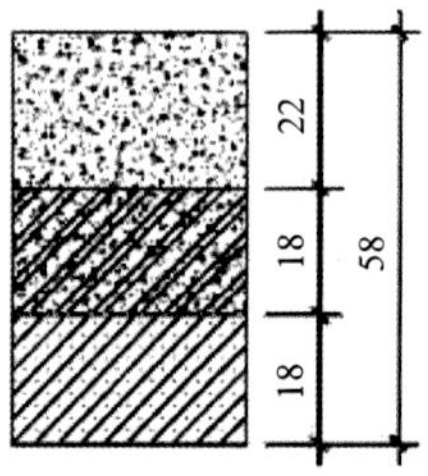 水泥混凝土22 / 二灰碎石18 / 石灰土18 (58)	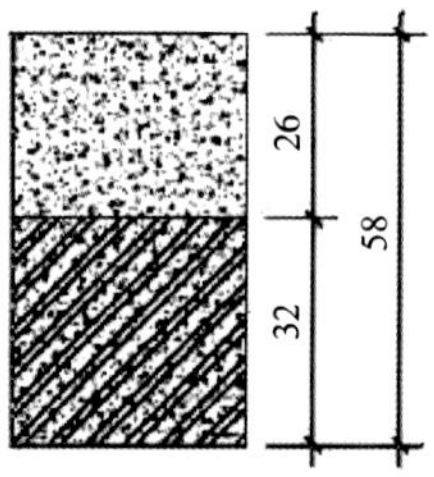 水泥混凝土26 / 二灰碎石32 (58)	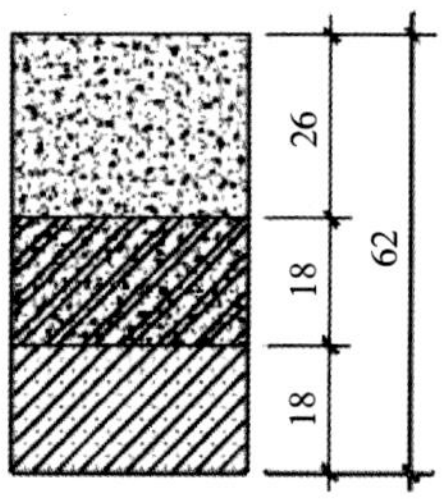 水泥混凝土26 / 二灰碎石18 / 石灰土18 (62)
图例	 水泥混凝土　　二灰碎石　　12%石灰土(二灰土)			
说明	1. 图中尺寸以厘米(cm)计； 2. 混凝土板尺寸：5m×3.75m			

水泥混凝土路面结构形式二　　　　　　　　　　　　　　　　　表 A.2-2

交通等级		中　　等		轻	
混凝土设计强度(MPa)		4.5		4.5	
设计年限(年)		30		20	
是否设传力杆		设传力杆	不设传力杆	不设传力杆	
路面结构	结构代号	GJ9	GJ10	GJ11	GJ12
	结构图式	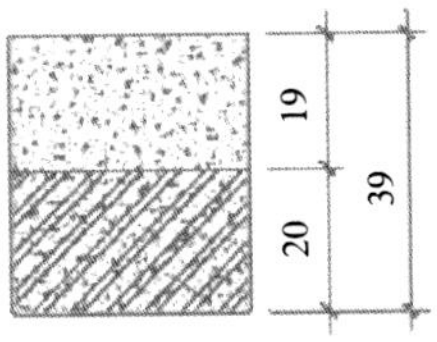 19/20/39	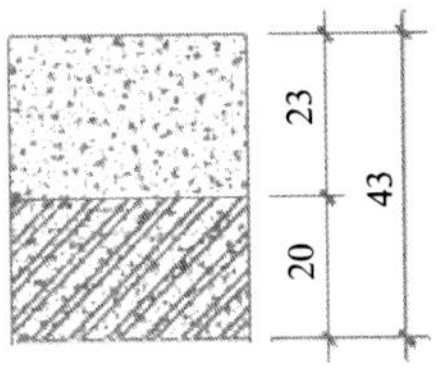 23/20/43	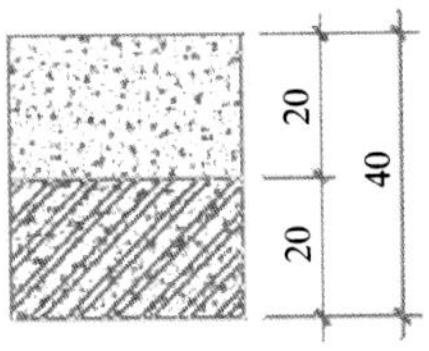 20/20/40	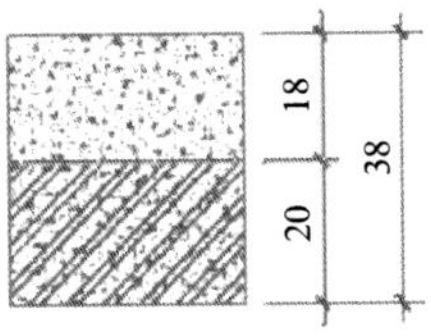 18/20/38
图　例		▭ 水泥混凝土　▨ 二灰碎石　▨ 12%石灰土(二灰土)			
说　明		1. 图中尺寸以厘米(cm)计； 2. 混凝土板尺寸：5m×3.75m			

水泥混凝土路面结构形式三　　　　　　　　　　　　　　　　　表 A.2-3

交通等级		重			
混凝土设计强度(MPa)		5.0			
设计年限(年)		30			
是否设传力杆		设传力杆		不设传力杆	
路面结构	结构代号	GJ5	GJ6	GJ7	GJ8
	结构图式	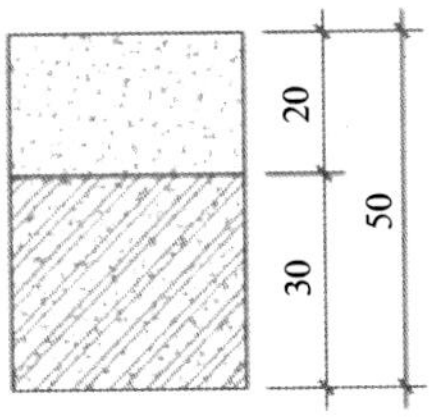 20/30/50	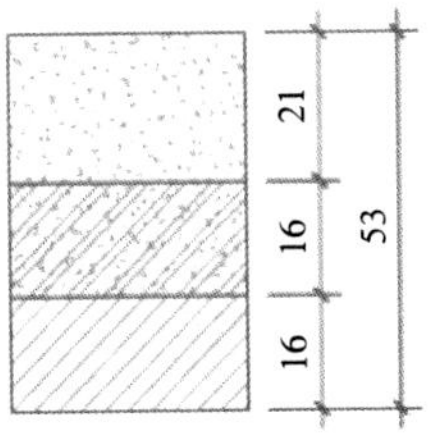 21/16/16/53	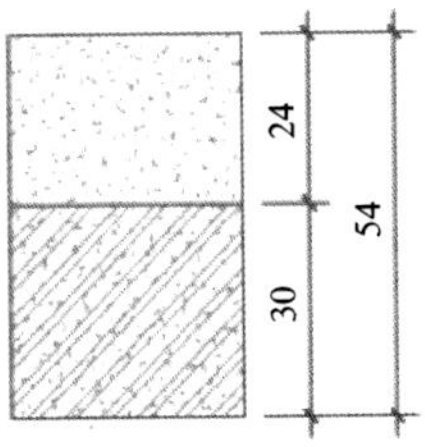 24/30/54	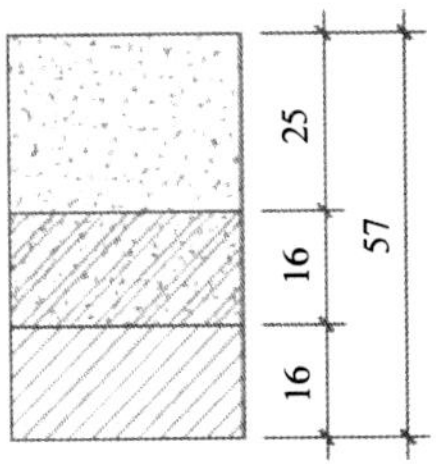 25/16/16/57
图　例		▭ 水泥混凝土　▨ 二灰碎石　▨ 12%石灰土(二灰土)			
说　明		1. 图中尺寸以厘米(cm)计； 2. 混凝土板尺寸：5m×3.75m			

附录B 路基路面施工技术要求

主干路、快速路以及采用新材料、新工艺、新技术进行路基及底基层施工时,应采用不同的施工方案做试验路段,选择最佳施工方案指导全线施工。

B.1 道路路基与底基层施工质量控制

对有条件的石灰土类底基层施工路段,宜采用大型粉碎机械和平整机进行施工,以提高其平整度及压实度(见图B-1)。

对管线及障碍物周围较难施工、质量较难保证的部位要采取专项施工方法进行施工,以确保该部位的工程质量。

应采取有效措施排水,避免道路路基或底基层被水浸泡。

应严格控制分段、分层施工的施工搭接处理质量。

应使用经试验符合要求的路基及底基层材料,城市城区施工时,宜采取集中拌合的混合料运输至现场摊铺。

应按规范要求对路基和底基层质量进行全面检查和检测(见图B-2)。

图B-1 采用平地机进行石灰土类基层施工

图B-2 道路底基层弯沉检测

B.2 道路基层施工质量控制

施工前应进行施工配合比及原材料试验,保证原材料质量及基层混合料质量符合要求。

基层混合料采用工厂化机械拌合、现场机械摊铺的施工方法,宜采取双机并摊的施工方法(见图B-3、图B-4)。

根据不同基层混合料的质量特性,严格控制碾压时间和终压时间。选择合适的压实机械、压实顺序,充分碾压密实。

应采取合适的养护方法充分养护，可采用土工布或麻袋，结合洒水养护。采取合适的交通组织方案，保证养护期间无施工及交通车辆通行（见图 B-5）。

应严格控制分段、分层施工搭接缝处理施工质量，应按规范及设计要求，进行全面质量检查。

图 B-3　工厂机械拌合法拌合混合料

图 B-4　道路基层机械摊铺施工

图 B-5　道路基层土工布覆盖、洒水养护

B.3　道路面层施工质量控制

施工前应进行配合比设计及原材料试验，保证原材料质量及沥青混合料质量。

沥青混合料应采用工厂化机械拌合、现场机械摊铺的施工方法（见图 B-6），宜采取双机并摊的施工方法（见图 B-7）。

严格控制施工配合比、混合料含油量、出厂温度、摊铺温度、摊铺厚度、平整度、高层、宽度。

严格控制碾压时间和终压时间。选择合适的压实机械、压实顺序充分碾压密实，对局部压路机无法压实的部位，应采用人工辅助机械压实（见图 B-8）。

沥青上面层施工前，逐只精确调整井盖的标高、横坡，并安装牢固。

局部加宽段宜采用小型摊铺机械配合施工，上面层的沥青摊铺宜一次完成。

图 B-6 沥青面层机械摊铺施工

图 B-7 城市快速路、主干路宜采用二台以上摊铺机联合摊铺

(a) 初压阶段

(b) 复压阶段

(c) 终压阶段

图 B-8 沥青混合料的压实应按初压、复压、终压三个阶段进行

B.4 车辙、拥包的防治

1）沥青混凝土路面出现车辙、拥包的范围主要是城市快速路、主干路的交叉口及公交站台，城市主要区域的次干路、支路的交叉口及公交站台等处。

2）车辙、拥包的防治技术措施：

（1）道路基层宜采用稳定性好、强度高的材料，如水泥稳定碎石等。

（2）应适当增加基层厚度。

（3）在沥青面层底部宜铺设玻纤格栅等土工材料。

（4）对于快速路、主干路的交叉口及公交站台处，沥青混凝土的中面层材料应采用改性沥青混合料；上面层材料宜采用沥青玛琦脂碎石混合料（SMA）。

（5）对于次干路及支路的交叉口及公交站台处，沥青混凝土的上面层材料应采用改性沥青混合料，石料宜选用玄武岩；中、下面层沥青宜选用改性沥青。

（6）施工过程应严格遵照《公路沥青路面施工技术规范》（JTG F40-2004）进行。

B.5 路缘石施工质量控制

1）道路路缘石宜采用混凝土预制、适应不同使用状态、不同规格尺寸的路缘石（见图 B-9）。混凝土预制路缘石预制时，宜采取有效措施保证其强度符合要求、尺寸误差在 2mm 内、减少外观混凝土气泡、无

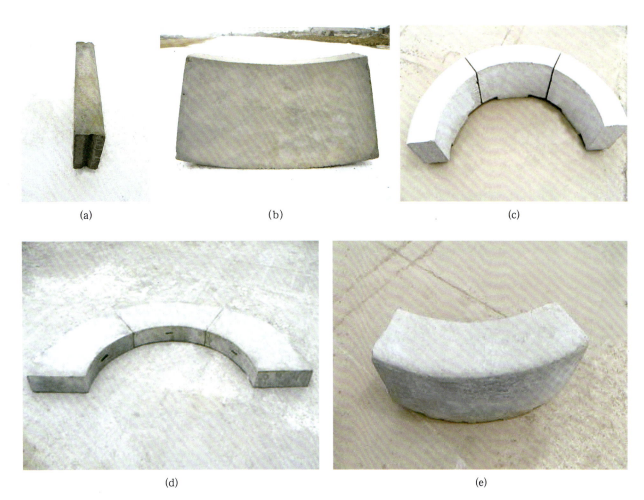

(a)　　　　　　　　　(b)　　　　　　　　　(c)

(d)　　　　　　　　　　　　　　(e)

图 B-9　不同规格的路缘石

缺掉角，运输时宜采用捆绑装箱运输，减少运输及装卸过程中的损坏。

2）路缘石铺设时应严格按规范要求施工，严格控制其直顺度、平整度、缝宽、相邻块高差及勾缝色差，保证其外观美观、线形直顺。质量检测见图 B-10。

3）收水井处路缘石应设置一定长度的双向纵坡，以便于排水。

4）路缘石必须稳固，路缘石背后回填必须密实。

5）分隔带端头处宜采用与设计半径相符的弧形路缘石铺设，以提高其外观质量。分隔带曲线形路缘石铺设时应采用与设计半径相符的预制路缘石，严格控制其缝宽及圆顺度（见图 B-11）。

图 B-10　相邻路缘石间高差控制

图 B-11　分隔带端头弧形路缘石

B.6　检查井施工质量控制

1）管道沟槽开挖时在检查井处应局部加大开挖尺寸、设置施工排水井，以使检查井处基坑不被水浸泡，便于井身施工及沟槽回填施工。

2）检查井应设置钢筋混凝土底板，以减小井本身的沉降。

3）检查井周围回填应严格分层回填压实，道路路基及基层施工时检查井周围宜采用反开挖法施工，采用相同材料或其他便于保证质量又方便施工的材料，人工回填、小型机械压实（见图 B-12～图 B-15）。

4）宜在沥青面层下、上基层内设置 3 m ×3 m 的钢筋混凝土卸荷板（预制或现浇均可），分散局部应力，减小井周因回填引起的沉降，避免井周沥青混凝土龟裂、破损（见图 B-16）。

5）沥青上面层施工前，逐只精确调整检查井圈盖标高、横坡，使之与道路设计标高、横坡等相吻合，保证检查井圈盖与沥青面层间高差符合规范要求（见图 B-17）。

图 B-12　管道胸腔及管顶 50cm 内的回填应采用人工辅压

图 B-13　沥青混凝土铺装的非机动车道

图 B-14　窨井周围反开挖法施工

(a)

(b)

图 B-15　沟槽回填（管顶50cm以上）采用压路机分层回填、分层碾压

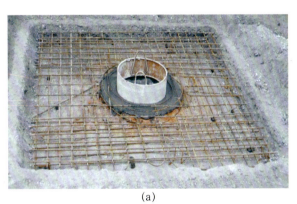
(a)

(b)

图 B-16　钢筋混凝土卸荷板

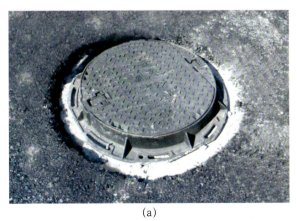
(a)

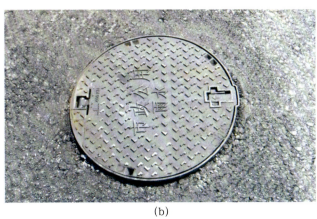
(b)

图 B-17　调整检查井圈盖标高、横坡

6）宜根据不同使用部位及要求采用具有防盗功能、尺寸精确、经久耐用的不同材料、不同规格的检查井圈盖。快车道宜采用铸铁检查井圈盖，慢车道、人行道及绿化带部位宜使用复合检查井圈盖。收水井宜使用复合圈盖（见图 B-18）。

(a)

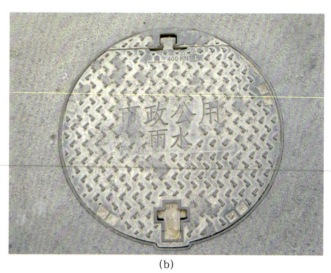
(b)

图 B-18　检查井圈盖

B.7 人行道施工质量控制

1）人行道基础结构层应具有足够的强度和水稳定性。土基和基层压实应使用机械施工，压实度应满足规范、设计的要求，人行道基础分层压实后，应封闭养生。

2）人行道铺砌必须平整、稳定，灌缝应饱满，不得有翘动现象；人行道面层与其他构筑物应顺接，不得有积水现象，人行道面层与各种管线井框盖的高差不得大于 3mm，人行道板铺筑完毕，应封闭养生，达到设计强度后方可以使用；现浇混凝土人行道表面耐磨层的厚度不得小于 2mm，且与下层的混凝土相互渗透，可靠粘结，现浇混凝土人行道须设置变形缝；现浇仿石水泥混凝土人行道面层应涂刷渗透性的透明密封光亮剂。

质量检测控制见图 B-19，道板铺设时采取仪器测量、控制线控制、水平尺检查等有效措施，以保证其直顺度、平整度。盲道铺设应保证贯通、连续。

(a)

(b)

图 B-19　道板铺设时采取仪器测量、控制线控制、水平尺检查等有效措施

3）人行道板铺设时，应采取切实有效措施控制缝宽、直顺度、平整度。

4）在井盖周围及其他设施的周围，应将道板切割成和周围设施形状、尺寸相匹配的形状，切割及铺设时精心施工，保证其与周围设施的衔接密切、吻合、平顺。

5）树池周围宜采取针对性设计和施工，使其满足绿化要求，同时保证树池尺寸及周围人行道板牢固、不易松动。

6）盲道应连续、贯通、无障碍。

注：本附录为无锡市道路基层建设技术管理要求，可供各地在道路建设中借鉴、参考。为进一步加强环境建设、和谐建设，南京等地区已在道路基层建设中禁止采用现场拌合基层混合料，采用集中厂拌，现场机械摊铺，提高道路基层整体质量水平。

附录 C 交通管理设施设置要求

[摘自《道路交通信号灯设置与安装规范》GB14886-2006 及
《城市道路交通标志标线设置指南》]

C.1 信号灯的设置位置

1）机动车道信号灯和方向指示信号灯

（1）没有机动车道和非机动车道隔离带的道路，对向信号灯灯杆宜安装在路缘线切点附近。当道路较宽时，可采用悬臂式安装在道路右侧人行道上，也可根据需要在左侧人行道上增设一个信号灯组；当道路较窄时（机非道路总宽 12m 以下）时，可采用柱式安装在道路两侧人行道上。当进口停车线与对向信号灯的距离大于 50m 时，应在进口停车线附近增设一个信号灯组。

（2）设有机动车道和非机动车道隔离带的道路，在隔离带的宽度允许情况下，对向信号灯灯杆宜安装在机非隔离带缘头切点向后 2m 以内。当道路较宽时，可采用悬臂式安装在右侧隔离带，也可根据需要在左侧机非隔离带内增设一个信号灯组；当道路较窄时（机动车道路宽 10m 以下）时，可采用柱式安装在两侧隔离带内。当停车线与对向信号灯的距离大于 50m 时，应在进口隔离带内增设一个信号灯组。

2）非机动车道信号灯

（1）没有机动车道与非机动车道隔离带的道路，非机动车信号灯采用附着式安装在指导机动车通行的信号灯灯杆上。

（2）指导机动车通行的信号灯灯杆安装在出口右侧机动车道和非机动车道隔离带上时，若隔离带宽度小于 2m，非机动车道信号宜采用附着式安装在指导机动车通行的信号灯灯杆上；若隔离带宽度大于 2m、小于 4m，可借用指导机动车通行的信号灯灯杆采用悬臂式安装。若隔离带宽度大于 4m，应单独设置非机动车信号灯灯杆，应采用柱式安装在对向右侧距路缘的距离为 0.8m～2m 的人行道上。

（3）在设置有物理导流岛的路口，可将非机动车信号灯灯杆安装在导流岛上。

3）人行横道信号灯

人行横道信号灯应安装在人行横道两端内沿或外沿线的延长线、距路缘的距离为 0.8～2m 的人行道上，采取对向灯安装。允许行人等候的导流岛面积较大时，应在导流岛上安装人行横道信号灯。

C.2 道路交通标志

1）警告标志

（1）预告交叉路口形状的警告标志：如十字交叉、T 形交叉及环形交叉等。设置在路口视线受绿化、建筑物等影响或不易被发现的交叉口前适当位置。在已使用了指示转弯或禁止转弯及让行标志的路口或者已安装了信号灯的路口可不必设置。

（2）预告道路平面线形的警告标志：如向左／向右急弯路、反向弯路及连续弯路等。应设置在计算行车速度小于 60km/h 弯道的平曲线与直线段的切点之前。

（3）预告路段上横向交通流的警告标志：如注意行人标志等。设置条件：行人密集，或不易被驾驶员发现的人行横道线前应设置注意行人标志；在小学、幼儿园、少年宫等儿童经常出入的地点前应设置注意儿童标志；在已安装信号灯或者已设置预告交叉路口形状的警告标志的路口不必设置；注意行人标志与注意儿童标志不应设置在同一地点。

2) 禁令标志

(1) 禁止一切车辆、某种车辆或行人通行标志。应设在需要禁止一切车辆和行人或者禁止某种车辆、行人通行的路段的入口处。对时间、车种、载重量等有特殊规定时，可用辅助标志说明。

(2) 禁止骑自行车下坡（或上坡）标志。在道路纵坡大于3.5%且坡长大于300m或者骑自行车上、下坡易发生交通事故的地点应设置该标志。

(3) 禁止车辆向某方向通行的标志，如禁止向左转弯、禁止直行等。设置条件：交叉口转弯车辆过多，容易引起交通阻塞时；交叉口转弯车辆较少且容易造成对向大流量车流较大延误的；路口转弯半径较小，转弯车辆车速下降过大而引起交通阻塞的；禁止某种车辆向某方向通行可用辅助标志说明，也可与某种车辆图案组合使用（如图C-1、图C-2所示）。

图 C-1　禁止非机动车向左转弯标志　　　　图 C-2　禁止机动车向右转弯标志

(4) 禁止掉头标志应设置在交通流量较大、掉头容易引起交通阻塞和交通事故的地点。有时间、车种等要求时应用辅助标志说明。

(5) 禁止超车、解除禁止超车标志。设置条件：路段交通饱和度大于0.7的双向两车道道路或者平曲线半径或超车视距小于表C-1所列数值时。

应该在下列地点设置：在禁止超车路段的起点和终点应分别设置禁止和解除禁止超车标志；禁止超车区间的起点在交叉路口时，应在离交叉口出口30m以内的道路右侧设置禁止超车标志。禁止超车区间与其他道路相交叉时，应在每个交叉口的出口处右侧设置；禁止超车路段较长时，一般每隔500m应重复设置禁止超车标志；禁止超车路段的终点应设置解除禁止超车标志，但禁止超车路段的终点为交叉口时，不必设置。

(6) 禁止鸣喇叭标志。设置条件和地点：城市高架道路、隧道等；在医院、学校、居民住宅区、科研单位、政府机关、外交使（领）馆附近路段。在某一区域内禁止鸣喇叭的，应在进入该区域道路的每个入口处设置，禁鸣范围内不应再设置禁止鸣喇叭标志。

(7) 限制宽度、高度、质量、轴重标志。设置条件和地点：城市快速路、主干路净空高度小于5m时，其他道路净空高度小于4.5m时，应设限制高度标志，限高值应小于实际净空高度20cm。道路横向净距宽度小于3m时应设限制宽度标志；设置限制宽度、高度、质量、轴重标志时，除在限制地点设置外，还应在限制地点前方交叉路口的出口处提前设置。

禁止超车的最小平曲线半径及超车视距　　　　表 C-1

管理行车速度 (km/h)	80	70	60	50	40	30	20
平曲线半径(m)	400	350	300	200	150	85	40
超车视距 (m)	350	300	250	200	150	100	70

(8) 限制速度、解除限制速度标志设置条件：道路交通事故发生率较高的路段；道路路面摩阻系数较小的路段；限速路段中，应根据道路交通条件的变化，设置相应的限速标志。在限速路段的终点设置解除限制速度标志，但限速路段的终点为交叉口、高速公路、城市快速干道等封闭式道路的出入口时，不必设置；限速路段中，如需设置连续多块限制速度标志的，不必一一设置解除限制速度标志，而仅在限速路段的终点设置一块解除限制速度标志；

(9) 让行标志

停车让行标志应设置在视距不足，容易发生交通事故的路口或者无人看守的铁路道口、汽车进出频繁的沿街单位、宾馆、饭店、停车场等出入口。

减速让行标志应设置在快速干道上没有加速车道的入口处或者已进行了渠化的右转车道，转弯后没有足够加速车道的入口处（见图 C-3）。

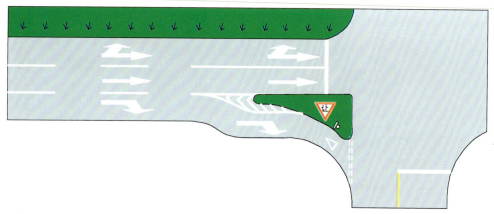

图 C-3　减速让行标志在渠化岛上设置示例

会车让行标志应设置在会车有困难的瓶颈路段，或因某原因只能开放一条车道作为双向通行路段的一端。

停车让行和减速让行标志应设在交叉路口入口处右侧，接近停止线且视线较好处；会车让行标志应设置在距让行路段 50~100m 以前的道路右侧适当位置。

3) 指示标志

(1) 靠路侧行驶标志。设置条件：当道路中央分隔带大于 3m，难以判别准行方向时，应在中央分隔带端点或交叉口分隔带开口处设置；从无中央分隔的道路驶入有中央分隔的道路时，应在中央分隔的端点设置；当道路机、非分隔带＞1m 时，应当设置指示机动车靠左侧行驶和指示非机动车靠右侧行驶标志；当分隔带≤1m 时，在非机动车道的起始端地面漆划非机动车行驶标记；路中央有障碍物或道路施工现场两端可设置。

图 C-4　机动车靠左侧行驶

靠路侧行驶标志可与某种车辆图案组合使用（见图 C-4、图 C-5）。有时间、车种等特殊规定时，应用辅助标志说明。

(2) 专用车道标志。在公交线路专用车道、机动车车道、非机动车车道的起点及各交叉路口出口处的车行道正上方应设置专用车道标志。如交叉口间隔距离较长，也可在中间适当位置重复设置。当专用车道有时间规定时应用辅助标志说明。某单一车种的车道应配合设置路面文字标记和车种专用车道线（见图 C-6）。

图 C-5　非机动车靠右侧行驶

(3) 最低限速标志应设置在城市快速路、主干路及其他道路限速路段的起点和交叉口出口处，限速路段较长时应重复设置，应配合限制速度标志设置在同一标志杆上，而不单独设置；当标志水平排列时，限制速度标志居左，最低限速标志居右；当标志垂直排列时，限制速度标志居上，最低限速标志居下(见图 C-7)。

(4) 车道行驶方向标志。可设置在有导向车道的交叉口以前（见图 C-8）。当进口车道数较多、道路交叉口各导向车道的分布有违常规时，应设置该标志。

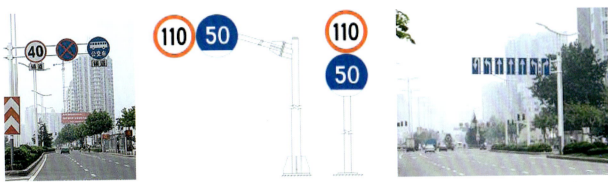

图 C-6　辅道公交专用道标志　　图 C-7　限制速度标志、最低限速标志并设方式　　图 C-8　指示标志（指示车辆行驶方向）

(5) 允许掉头标志的设置。有时间、距离、车种等特殊规定时，应用辅助标志说明，必要时可重复设置（见图 C-9），并应配合漆划掉头箭头；当掉头点设于路段中时，优先采用信号灯控制，也可设置停车让行标志。

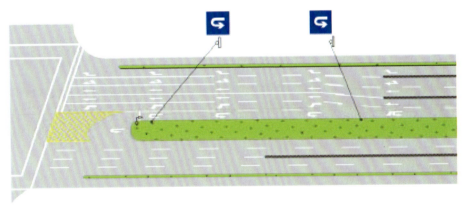

图 C-9　允许掉头标志设置示例

4）指路标志

交叉路口预告标志可设置在距交叉路口前 300～500m 处。多为交通量大，车道数较多，需把线路的方向信息事先告诉驾驶员，提早做好变道准备、避免路口交通混乱。十字交叉路口标志、环形交叉路口标志及丁字路口标志可设置在距交叉路口 30～150m 处。

C.3　道路交通标线

1）纵向标线

(1) 车行道中心线。

机动车双向通行各有两条或两条以上机动车道而未设中央分隔带的道路，应设中心黄色双实线，除交叉路口及允许车辆左转弯（或掉头）的地点和设有路段人行横道的地点外，均应连续设置。在车行道路幅宽度小于 6m、一切车辆单向行驶、车道行驶方向可变的道路上或者交叉路口范围内不应设置车行道中心线。

有下列几种通行情况的道路应设中心黄色单实线：

①双向两车道机非对向行驶；双向三车道机动车单向非机动车双向和机非对向行驶；

②双向四车道包括双向各只有一条机动车道和一条时间性禁止非机动车道的、机动车单向非机动车双向的、机非对向单向行驶的；

③机动车双向通行各有两条或两条以上机动车道而未设中央分隔带，机动车道平均宽度小于等于3m的。

（2）车行道分界线。车行道分界线为白色虚线，在同一行驶方向有两条或两条以上机动车车道时应设置。

（3）车行道边缘线。机动车车行道的外侧边缘及路缘带内侧、同向机动车道与非机动车车道的分界处，应设置车行道边缘实线（见图C-10）。

在机动车需要跨越边缘线的地点应设虚线；在允许机动车路边停车或相邻出入口间距不大于150m的城市道路可设置车行道边缘虚线，并可配合设置非机动车图案标记（见图C-11）。边缘线与隔离设施之间一般留50cm以上的安全距离，特殊情况间距不低于15cm。

（4）车行道宽度渐变段标线。在车道数缩减或增加的路段应设置车行道宽度渐变段标线。标线颜色应与其相连标线的颜色一致，折点处应根据具体情况采用圆曲线接顺。渐变段标线一般为实线，在渐变段处设置斑马线过渡时，斑马线线宽40～45cm，间隔100cm，倾斜角度为45°。在缩减车道内应设倾斜角度为30°的导向箭头。渐变段标线与中心线或边缘线连接时，渐变段标线的两端应设延长实线。车道缩减起点端延长的实线长度D为安全停车视距（见GB5768的有关规定），车道缩减端终点延长的实线长度d按以下规定选用：主干路为40m，其他道路为20m。在靠车道缩减一侧的渐变段起点前，可配合设置窄路标志，同时可配合设置车道变化标志（见图C-12）。

（5）车种专用车道线。在同向具有两条或两条以上机动车道的道路，可设车种专用车道线。专用车道线由黄色虚线和白色文字组成，实线长400cm，间隔400cm，线宽20～25cm；文字按专用车道规定行驶的车种类型确定，如公共汽车等，字高250cm，字宽100cm（如图C-13所示）。专用车道线从起点开始设置，每经过一个交叉口应在路口驶

图C-10 车行道边缘实线

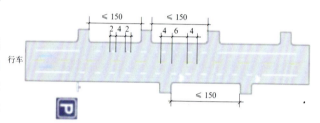

图C-11 城市道路车行道边缘虚线设置示例（单位：m）

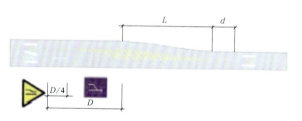

图C-12 三车道缩减为两车道

图C-13 公交车专用道

出段专用车道内重复设置一次车种文字,如交叉口间距较长,也可在中间适当地点重复设置一次,可配合设置专用车道标志。

(6) 禁止路边停放车辆标线仅允许特定车辆(如出租车)临时停车的地点,可设置禁止路边长时停放车辆线,可配合设置表示特定车辆的地面标志,应同时在禁止车辆临时或长时停放标志下用辅助标志说明(见图 C-14)。

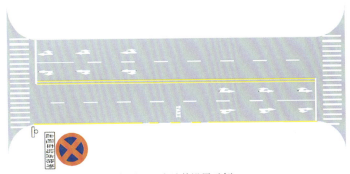

图 C-14 仅允许出租车临时上下客处的设置示例

2) 横向标线。包括人行横道线、停止线、停车让行线及减速让行线等。

(1) 人行横道。设置在交叉路口,非主、次干道上的学校、幼儿园、医院、养老院、影剧院、地铁站门口,公共汽车站台同一侧与人行道之间。人行横道的最小宽度为 3m,并可根据行人数量以 1m 为一级予以加宽;人行横道的长度应横跨人行道外的道路。路段人行横道线设置间隔,一般为 150~500m。在路段中设置人行横道线时,应在到达人行横道线前的路面上设置停止线和预告标示;人行横道预告标示为白色菱形图案,预告标示及其布设如图 C-15 所示。

(2) 停止线。停止线为白色实线。在人行横道线或让行、铁路平交路口前的适当位置和左转弯待转区的前端及其他需要车辆等候放行信号的停车位置处,应设停止线。停止线应设在最有利于驾驶员瞭望的位置,在无人行横道线的路口,可设在主干路缘石的延长线上;设有人行横道线时,应距人行横道线 100~300cm,如图 C-16 所示。

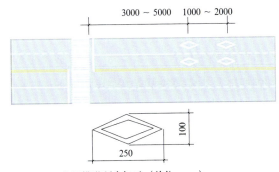

图 C-15 人行横道预告标示(单位:cm)

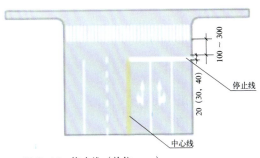

图 C-16 停止线(单位:cm)

(3) 停车让行线。停车让行线为两条平行白色实线和一个白色"停"字。设有停车让行标志的路口,除路面条件无法漆划标线外均应设置停车让行线。停车让行线应设在最有利于驾驶员瞭望的位置,在无人行横道线的路口,可设在主干路缘石的延长线上;设有人行横道线时,应距人行横道线 100~300cm,如图 C-17 所示。

(4) 减速让行线。减速让行线为两条平行白色虚线和一个白色倒三角形符号。设有减速让行标志的路口,除路面条件无法漆划标线外均应设置减速让行线。减速让行线应设在最有利于驾驶员瞭望的位置,一般可设在主干路缘石的延长线上。设有人行横道线时,减速让行线应距人行横道线 100~300cm,如图 C-18 所示。

3) 字符标记

(1) 导向箭头

设置条件：交叉路口进口道为一条机动车道且其行驶方向受限制时；信号控制的交叉路口进口道有二条或二条以上机动车道；在车道数缩减路段的缩减车道内；设有附加专用车道（包括掉头专用车道）的路口或路段；在不规则、复杂的交叉路口，渠化后的车道内。导向箭头的尺寸和重复设置次数，应按表 C-2 的规定选取。

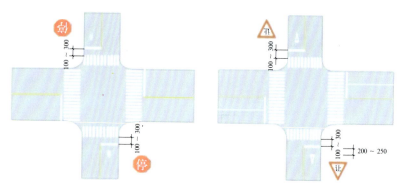

图 C-17　停车让行线设置示例（单位：cm）　　图 C-18　减速让行线设置示例

导向箭头的尺寸　　　　　　　　　　　表 C-2

计算行车速度（km/h）	≥100	40~80	≤40
导向箭头（m）	9	6	3
重复设置次数	≥3	≥3	≥2

(2) 路面文字标记

在对车辆行驶有限制的车道内，可设置路面文字标记，其高度、宽度、间隔和重复次数按现行国家标准《道路交通标志和标线》（GB 5768）的规定选取。

4) 其他形式标线

(1) 路口导向线为虚线，线宽 15cm，线段及间隔长均为 100cm。在过大、不规则以及有中央分隔带的平面交叉路口，应设置路口导向线。路口导向线包括左转弯、直行、右转弯等。左转弯导向线应与相邻机动车道的分界线或边缘线（机动车与非机动车道分界线）之间用圆曲白色虚线连接；在相邻道路中心线之间连接时，应用圆曲黄色虚线，如图 C-19 所示。

(2) 导流线的线宽为 45cm，间隔 100cm，倾斜角 45°，外围线宽 20cm。导流线组成的导流岛，分隔对向交通流的导流线为黄色，分隔同向交通流的导流线为白色。在道路宽度发生变化、路面有障碍物和较宽的分隔带端头处应设导流线。在复杂的交叉路口或其他特殊地点，应根据具体情况进行设计，设置导流线，如图 C-20 所示。

(3) 网状线。在停车而易阻塞横向道路和其他出入口车通行的交叉路口或出入口处，可设网状线。标线颜色为黄色，外围线宽 20cm，内部网格线与外边框成 45°，线宽 10cm，斜线间隔 1.5m（见图 C-21）。当采用简化网状线（即在方框中加叉），颜色为黄色，线宽为 40cm（见图 C-22）。

5) 立面标记。在跨线桥、渡槽等的墩柱或侧墙端面上，隧道洞口的壁面上，人行横道的安全岛上和照明不良不易引起注意的中央分隔墩上，应设立面标记。立面标记为黄黑相间的倾斜线条，倾角为 45°，线宽及其间隔均为 15cm，设置时应将向下倾斜的一边朝向车行道，如图 C-23 所示。

设于中央分隔墩上时，应设成导向标的形式，在地面导向的标线处，可配合设置柔性的防撞设施，如图 C-24 所示。

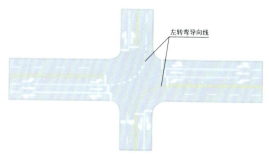

图 C-19　路口左转弯导向线设置示例

附录C 交通管理设施设置要求 191

图 C-20 复杂行驶条件十字路口导流线

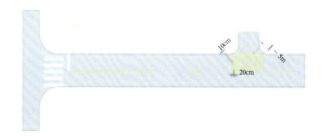

图 C-21 网状线

图 C-22 简化网状线

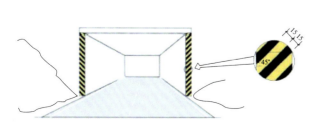

图 C-23 立面标记

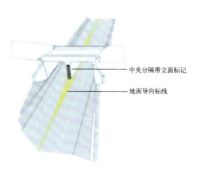

图 C-24 立面标记与地面标线配合设置示例

附录D 南京市市政工程质量通病防治工作导则（暂行）（道路篇）

1 总 则

1.1 为提升南京市市政道路工程建设质量，防止市政道路工程质量通病的发生，规范市政道路工程质量通病防治（以下简称通病防治）工作，制定本工作导则。

1.2 本工作导则适用于南京市行政区域内新建、改建、扩建的市政道路工程。

1.3 本工作导则中所称质量通病主要指市政道路工程存在的道路交叉口及公交站台处路面车辙、拥包；检查井周边路面破损、沉陷、井盖位移、坠落；桥台背后下沉、跳车；沟槽处路面沉陷；人行道板松动、碎裂、沉陷、侧缘石弯道不顺等质量缺陷。

1.4 本工作导则提倡在通病防治活动中采用新技术、新工艺、新设备、新材料和科学管理方式；同时应加强对施工及现场管理人员专业技术培训工作。

1.5 各参建单位在对本市市政道路工程进行建设组织、勘察、设计、施工和监理等工作中除应符合国家相关法律、法规和工程技术标准等规定外，还应执行本工作导则的规定。

2 基本规定

2.1 建设单位应负责道路建设项目通病防治工作的组织实施，其他参建各方责任主体应按各自职责履行本工作导则的规定。

2.2 建设单位应保证工程建设的合理工期，不得随意压缩工期。

2.3 设计审查机构应将通病防治的设计措施列入审查内容。

2.4 工程质量监督机构应将通病防治工作列入监督工作重点。

2.5 建设单位在组织市政道路工程竣工验收时应提供下列相关资料：

(1) 由参建各方签署的《市政道路工程质量通病防治任务书》；

(2) 施工单位提交的《市政道路工程质量通病防治工作总结报告》；

(3) 监理单位提交的《市政道路工程质量通病防治工作评估报告》。

2.6 道路管线管理规定

2.6.1 市政道路工程的建设单位应统一综合协调、管理道路范围内的各专业管线工程的设计、施工、监理等工作；各专业工程单位应服从其管理。

2.6.2 市政工程质量监督机构、监理单位统一监督、监理本工程范围内各专业管线单位涉及道路建设质量的土建施工。

2.6.3 各专业管线工程的设计应符合城市规划的统一规定，其管位、管线走向、埋深规划应符合相关规定，管位设置应尽可能避让机动车道。

2.6.4 弱电管线的设计、施工、管孔分配、施工组织等宜由市电信部门按规划要求统一牵头负责。

2.6.5 市政道路工程开工前，建设单位应牵头组织召开各专业管线工程施工协调会，明确各单位的相互关系、落实施工进退场时间、工序交接验收及相关责任。

2.6.6 各专业管线沟槽的回填工作宜由管线产权单位委托本工程的市政道路施工单位完成，回填费用及相关措施费用由管线产权单位承担；若各管线施工单位具备相应市政施工资质，可自行回填沟槽，回填方案需经道路建设单位审批，其回填质量必须符合国家规范标准和设计要求，并由市政道路的建设、施工、监理单位验收。

3　参建各方责任主体的管理要求

3.1　建设单位

3.1.1　在开工前组织制订《市政道路工程质量通病防治任务书》。

3.1.2　审批施工单位提交的《市政道路工程质量通病防治施工方案》。

3.1.3　定期召开工程例会，协调和解决质量通病防治工作中出现的问题。

3.1.4　将通病防治工作列入工程检查验收内容。

3.2　设计单位

3.2.1　在工程设计中应提出具有技术可行、经济适用的质量通病防治专项要求。

3.2.2　将通病防治的设计要求和技术措施向有关单位进行设计交底，参加通病防治工作。

3.3　施工单位

3.3.1　编写《市政道路工程质量通病防治施工方案》，经监理单位审查、建设单位批准后实施。

3.3.2　做好原材料、构配件进场和工序质量的报验工作。在采用新材料时，除应提供产品合格证、新材料鉴定证书外，还应进行必要的检测复试。

3.3.3　及时记录、收集和整理通病防治的方案、施工措施、技术交底和隐蔽验收等相关资料。

3.3.4　根据批准后的《市政道路工程质量通病防治施工方案》，对作业班组进行技术交底，样板引路。

3.3.5　专业分包单位应提出分包工程的通病防治施工方案，由总包单位初审、监理单位审查、建设单位批准后实施，分包单位对分包工程的通病防治工作负责，总包单位对分包单位的质量通病防治工作质量负总责。

3.3.6　工程完工后，施工单位应及时完成《市政道路工程质量通病防治工作总结报告》。

3.4　监理单位

3.4.1　在《监理规划》和《监理细则》编制中应对通病防治工作提出专项要求。

3.4.2　审查施工单位提交的《市政道路工程质量通病防治施工方案》，提出审查意见。

3.4.3　总监或总监代表应参加施工单位《市政道路工程质量通病防治施工方案》的技术交底会。

3.4.4　督促施工单位按通病防治施工方案开展道路质量通病防治工作，检查施工单位的施工技术措施和组织措施。

3.4.5　对易出现质量通病的关键工序和重要部位的施工实施旁站监理，并做好监理记录。

3.4.6　在做好隐蔽工程和工序质量验收时，严格质量通病防治工作的检查和验收。

3.4.7　根据工程需要配备必需的检测仪器，加强对工程质量的平行检验，发现问题及时提出整改要求，并督促整改到位。

3.4.8　工程验收前应完成《市政道路工程质量通病防治工作评估报告》。

4　道路交叉口及公交站台处路面车辙、拥包防治的技术措施

4.1　设计

4.1.1　防治范围

城市快速路、主干道的交叉口及公交站台；城市主要区域的次干道、支路的交叉口及公交站台。

4.1.1.1 交叉口范围：采用渠化交通时，为交叉口中心至渠化段结束处；未进行渠化时，为交叉口中心为基准向四周延伸 80~120m。交叉口防治范围可根据具体情况进行调整。

4.1.1.2 公交站台范围：港湾式停靠站为进、出站台前后各 50m；非港湾式停靠站为公交站台两端向前后各延伸 40m；横向为半幅道路。在道路设计中，可根据具体情况进行调整。

4.1.2 沥青混凝土面层设计除应符合相关规范要求外，还应针对上述防治范围内易产生车辙、拥包等病害情况，根据《公路沥青路面施工技术规范》（JTG F40—2004）提出各层沥青混合料车辙试验动稳定度和低温弯曲破坏应变（$\mu\varepsilon$）的技术要求。

4.2 施工

4.2.1 沥青混合料原材料、半成品及成品质量的管理

沥青混合料原材料、半成品及成品质量的管理，除满足本导则的要求外，还应符合《公路沥青路面施工技术规范》（JTG F40—2004）。

4.2.1.1 集料

粗集料应采用反击破碎机轧制而成，石质坚硬、清洁、不含风化颗粒、近立方体颗粒的碎石，粒径大于 2.36mm；细集料应坚硬、洁净、干燥、无风化、无杂质并符合相应级配要求，不得采用没有除尘工艺生产的石屑，石质宜与粗集料相同，严禁采用采石场下脚料。

中、下面层可采用石灰岩碎石，上面层宜采用玄武岩碎石。

4.2.1.2 填料（矿粉）

沥青混合料的矿粉必须采用石灰岩或岩浆岩中的强基性岩石等憎水性石料，经磨细得到矿粉，拌合机回收粉尘作为矿粉使用时，不得超过填料总量 25%。

4.2.1.3 沥青

沥青材料可根据需要选用 A 级道路石油沥青或 SBS 改性沥青，石油沥青宜选用 70 号，SBS 改性沥青宜选用不低于 I-D 号，每批次沥青材料应附质量保证书和质量检测说明书，沥青拌合站应对每批次到场的沥青材料进行检查验收，并留样备用。

4.2.1.4 热拌沥青混合料

热拌沥青混合料的配合比应按照目标配合比设计阶段、生产配合比设计阶段、生产配合比验证阶段三个步骤进行，各项技术指标应满足《公路沥青路面施工技术规范》（JTG F40—2004）和质量通病防治技术要求，也可根据项目特点在规范基础上论证地取用。

各单位应高度重视生产配合比的设计，严格按照规范要求工作，以提高设计混合料的路用性能。

4.2.1.5 沥青混合料的生产、运输、摊铺、碾压和养生

沥青混合料的生产、运输、摊铺、碾压和养生，除应符合《公路沥青路面施工技术规范》（JTG F40—2004），还需满足本导则的要求。

1. 拌合

(1) 沥青混合料的生产应采用大型间歇式沥青混合料拌合机，生产过程由计算机自动控制，配有打印装置，具备二级除尘装置。

(2) 拌合机的振动筛规格应与矿料规格相匹配，最大筛孔宜略大于混合料的最大粒径，其余筛的设计应考虑混合料的级配稳定，不同级配的混合料必须配置不同的筛孔组合。

(3) 应按配合比设计三个阶段要求组织生产，每台拌合机均需要进行生产配合比设计和试拌工作，通过试拌工作以研究拌合机的操作方式，例如上料速度、拌合数量与拌合时间、拌合温度等，并验证沥青混合料的配合比设计和各项技术指标，确定生产用的配合比和油石比。

(4) 每天均应对每台拌合机所拌混合料取样进行马歇尔试验和抽提试验，其各项技术指标应满足《公路沥青路面施工技术规范》《JTG F40—2004》和质量通病防治技术要求。

(5) 拌合楼控制室要逐盘打印沥青及各种矿料的用量和拌合温度，随时在线检查矿料级配和油石比，每

天结束后，根据拌合楼打印数据对沥青和各种矿料的总量进行分析，计算平均施工级配和油石比；并与路面设计厚度进行校核。

2．摊铺

(1) 沥青混合料摊铺应采用性能优良的摊铺设备进行机械摊铺。

(2) 沥青混凝土摊铺前应加强基层清理工作，确保符合质量要求。

(3) 一台摊铺机的铺筑宽度不宜超过 7.5m；超过宽度时，宜采用两台或更多台数的摊铺机前后错开 10～20m 呈梯队方式同步摊铺，两幅之间应有 30～60mm 左右宽度的搭接，并避开车道轮迹带，上、下层搭接位置应错开 200mm 以上。

(4) 为确保较高的初始压实度，在确保集料不被振碎的情况下，摊铺机夯锤应尽量调整到较大的振级，尽量提高摊铺后路面碾压前的初始密实度。

(5) 摊铺遇雨时应立即停止施工，并清除未压实成型的混合料，料车上遭雨淋的混合料应废弃，不得用于沥青路面施工。

3．碾压

(1) 沥青路面施工应配备足够数量的压路机，选择合理的压路机组合方式及初压、复压、终压（包括成型）的碾压步骤，以达到最佳碾压效果。

(2) 压路机的碾压温度在不产生严重推移和裂缝的前提下，初压、复压、终压都应在尽可能高的温度下进行。

(3) 热拌沥青混合料路面应待摊铺层完全自然冷却，表面温度低于 50℃后，方可开放交通。

(4) 沥青混凝土施工应按《南京市市政工程施工现场管理规定》等要求，做好文明施工、环境保护。

4．质量控制

施工单位应按照《公路沥青路面施工技术规范》（JTG F40—2004）要求进行施工质量抽检，对影响路面使用性能至关重要的压实度指标必须满足规范的要求，并符合以下规定：

(1) 路面压实度应采用马歇尔密度压实度和最大理论密度压实度进行双控，压实度检测可采取钻孔取芯或核子密度仪的检测方法，马歇尔密度压实度应大于 98%，最大理论密度压实度应控制在 93%～97%，其中 SMA 最大理论密度压实度应控制在 94%～96.5%。

(2) 做好沥青路面施工过程中工程质量的检查记录工作，对沥青混合料生产、运输、摊铺、碾压等各道工序按《公路沥青路面施工技术规范》（JTG F40—2004）中的质量控制标准进行检查，发现问题及时纠正，必要时应停止施工，待影响质量的问题排除后方可继续施工。

4.3 监理

4.3.1 对沥青混合料配合比设计三个阶段工作严格把关，审查各阶段的试验和检测报告，并做好沥青混合料的见证取样及抽检工作。

4.3.2 沥青路面施工过程中，监理人员应对施工全过程进行旁站监理，前、后场监理人员至少各有一人。其中后场主要是对拌合时间、拌合温度、各料仓比例、混合料成品进行监督，严禁拌合楼操作人员随意更改生产配合比、拌合时间和拌合温度；前场施工过程中，监理人员应对摊铺厚度、摊铺速度、摊铺碾压温度、碾压组合方案等施工工艺进行监督检查，严禁施工单位随意调整更改施工工艺。

4.3.3 严格按《公路沥青路面施工技术规范》（JTG F40—2004）和本导则要求检查施工单位各项试验报告和检验记录，对施工各阶段的质量进行检查、控制、评定，抽检比例为不低于 20%，试验抽检工作应委托有相关资质的试验检测单位进行，严禁直接采用施工单位试验检测数据。对质量达不到设计及规范要求的，不得进入下一道工序施工。

4.3.4 专业监理工程师应对易出现病害部位的施工现场进行旁站监理。

5 检查井周边路面破损、沉陷、井盖位移、坠落防治的技术措施

5.1 设计

5.1.1 雨污水等各类管线检查井设置应尽量避开公交站台和路口渠化段。

5.1.2 检查井室基础应根据地基承载力、荷载等情况做出设计，检查井基础应与管道基础连成整体。

5.1.3 车行道检查井禁止使用黏土实心砖砌筑，宜采用整体稳固性好、强度高、闭水性理想的现浇钢筋混凝土检查井、预制装配式钢筋混凝土检查井、混凝土模块式检查井或其他质量可靠、工艺先进技术建造的检查井。

5.1.4 井框盖宜采用防响、防滑、防盗、防坠落、防位移的多防功能的井框盖，质量指标应符合道路使用功能和规范要求。

5.1.5 施工图设计中应绘制检查井框盖安装大样图。

5.2 施工

5.2.1 施工前，须按设计图纸做好放样工作，检查井标高应准确。

5.2.2 施工单位应严格按照图纸施工，检查井周边填料宜与道路结构层同步填筑，并必须以小型压实设备同步碾压，压实度不小于结构层压实度要求。

5.2.3 采用反开槽处理检查井周边时，应以检查井为中心开挖一定环长和深度的基坑，宽度应满足小型机械压实的要求，填料应采用水硬性材料分层压实或采用水泥混凝土，高度应与路面基层平齐。

5.2.4 严格控制井框盖标高和横坡度，确保路面与井框盖上表面平齐。

5.3 监理

5.3.1 加强对检查井基础及井身施工质量的检查，加强井框盖质量的验收，检查井框盖与井身的连接是否稳定牢固。

5.3.2 加强对检查井周围填充料的密实度、管道与井室接口的密封性、预制块拼装后缝隙中灌注填充料密实性的检查。

5.3.3 井框周围沥青混凝土面层摊铺时，严格检查井室周围沥青混凝土压实度以及沥青混凝土面层是否与井框齐平。

5.3.4 做好检查井施工各道工序的验收记录。

6 桥台背后下沉、跳车防治的技术措施

6.1 设计

6.1.1 桥台背后为软土地基时应进行沉降计算，当工后沉降大于规范规定时，应针对沉降进行地基处理设计。

6.1.2 软土地基处理应根据地基情况、施工条件和国家规范选用相应方法处理，并在桥台边缘与路堤坡角处加密处理。

6.1.3 台后填土应采用砂砾等透水性材料或石灰土，同时严格控制回填质量。填土较高的路堤宜采用轻质材料，如粉煤灰掺快速增强固化剂、聚苯乙烯泡沫（EPS）等。

6.1.4 台后宜设置现浇钢筋混凝土搭板。

6.2 施工

6.2.1 粉煤灰、快速增强固化剂材料、施工及养护质量控制应符合本工作导则附录D要求。

6.2.2 地基处理及台后填土严格按施工规范及设计要求进行。

6.2.3 当填方强度达到设计及规范要求时，方可摊铺沥青混合料面层。
6.2.4 桥台后背高填方应设置沉降观察点，做沉降观测，并根据观测结果作相应处理。
6.3 监理
6.3.1 检查粉煤灰、固化剂等原材料质量及配合比、强度。
6.3.2 检查桥台背后处填方密实度。
6.3.3 检查地基处理施工质量。
6.3.4 检查施工单位是否按规范进行试验，监理抽检数量不应小于施工单位试验数量的20%。

7 沟槽处路面沉陷防治的技术措施

7.1 设计
7.1.1 不得使用米砂等松散材料作沟槽回填料。
7.1.2 在常年地下水位下的填筑材料宜采用水硬性材料。
7.1.3 对于宽度大于2m的沟槽可使用与道路结构层相同材料回填；对于宽度小于2m，大于50cm，回填深度大于30cm的沟槽，宜使用二灰砂、二灰碎石或粉煤灰掺快速增强固化剂等水硬性材料作回填料；对于宽度小于50cm，回填深度小于30cm的沟槽，应使用低强度等级混凝土回填。
7.1.4 沟槽回填土
管道两侧应分层回填，压实后厚度不大于10cm，压实度不应小于90%（轻型击实标准）。管顶以上25cm范围内回填土表层压实度不应小于87%（轻型击实标准），其他部位回填土的压实度应符合本工作导则附录E的规定。
7.1.5 沟槽边缘宜设置土工格栅。
7.2 施工
7.2.1 沟槽开挖前，应落实排水措施。管道安装及回填时沟槽内应无积水。
7.2.2 沟槽宽度大于2m时，分层及碾压应满足以下要求：
7.2.2.1 管顶以上50cm范围内不得使用压路机进行碾压；宜采用人工操作动力夯实机械进行压实，每层的压实后厚度不应超过10cm，压实度应满足设计要求。
7.2.2.2 超过管顶以上50cm的沟槽回填，应采用中、重型压路机碾压。采用中型压路机碾压时每层压实后厚度不得超过15cm，采用重型压路机碾压时每层压实后厚度不得超过20cm。
7.2.3 当沟槽宽度小于2m时压路机无法作业时，应采用小型压实机械进行压实，每层压实后厚度不大于10cm。
7.2.4 沟槽范围内铺筑高强度合成纤维土工格栅时，铺筑宽度应为沟槽宽度两侧各增加50cm。土工格栅的搭接宽度不应小于20cm，其力学指标应满足设计要求。
7.2.5 沟槽上部结构层原则上不得分幅回填。
7.3 监理
7.3.1 检查施工单位对回填材料按规定频率送检和平行检验。
7.3.2 加强现场巡视，检查管道接口、沟槽垫层及分层回填质量。

8 人行道板松动、碎裂、沉陷、侧缘石弯道不顺防治的技术措施

8.1 设计
8.1.1 人行道基础结构层应具有足够的强度和水稳定性。

8.1.2 混凝土侧缘石抗压强度等级不小于 C30。

8.1.3 道路侧缘石基础须采用 C25 以上水泥混凝土材料。

8.1.4 设计单位应在设计图中明确不同曲率、规格侧缘石的几何尺寸。

8.1.5 雨水井井框宽度宜与缘石宽度相同。

8.1.6 为避免人行道排水不畅,其横坡不小于 1.5%,人行道铺面不低于侧石顶面。

8.1.7 现浇水泥混凝土人行道须设置变形缝。

8.2 施工

8.2.1 土基和基层压实应使用机械施工,密实度应满足规范、设计要求。

8.2.2 严禁现场拌制混凝土和粉煤灰石灰类混合料。

8.2.3 人行道基础分层压实后,应封闭养生。

8.2.4 人行道铺砌必须平整、稳定,灌缝应饱满,不得有翘动现象。

8.2.5 人行道面层与其他构筑物应顺接,不得有积水现象。

8.2.6 人行道面层与各种管线井框盖的高差不得大于 3mm。

8.2.7 人行道板铺设完毕,应封闭养生,达到设计强度后方可使用。

8.2.8 现浇水泥混凝土人行道表面耐磨层的厚度不得小于 2mm,且与下层的混凝土相互渗透、可靠粘结。

8.2.9 现浇仿石水泥混凝土人行道面层应涂刷渗透性的透明密封光亮剂。

8.2.10 混凝土侧缘石基础施工须符合设计要求,安砌稳固,做到线直、弯顺、无折角,顶面应平整无错牙,勾缝应饱满严密,整洁坚实。

8.2.11 雨水口处侧石安砌,应与雨水口施工配合,安砌牢固,位置准确;缘石不得阻水。

8.2.12 侧石背后及基础应回填密实。

8.3 监理

8.3.1 严格检查原材料、半成品材料的质量。

8.3.2 及时检查施工单位测量记录。

8.3.3 对人行道、侧石基础高程、人行道面板平整度、侧石直顺度等不定期进行平行检验。

8.3.4 检查侧石背后混凝土浇筑质量及基础回填密实质量。